L'agriculture comparée

© Éditions Quæ, NSS-Dialogues, 2011   ISBN : 978-2-7592-1020-6   ISSN : 1772-4120

ISBN : 978-2-85710-084-3

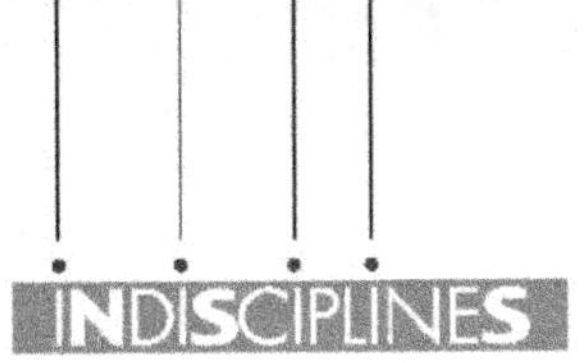

L'agriculture comparée

Hubert Cochet

La collection « Indisciplines » fondée par Jean-Marie Legay dans le cadre
de l'association « Natures Sciences Sociétés - Dialogues » est aujourd'hui
dirigée par Marie Roué. Dans la même orientation interdisciplinaire
que la revue *NSS*, cette collection entend traiter des rapports
que, consciemment ou non, les sociétés entretiennent
avec leur environnement naturel et transformé
à travers des relations directes, des représentations ou des usages.
Elle mobilise les sciences de la terre, de la vie, de la société,
des ingénieurs et toutes les démarches de recherche, éthique comprise.
Elle s'intéresse tout particulièrement aux questions environnementales
qui interpellent nos sociétés aujourd'hui, qu'elles soient abordées
dans leur globalité ou analysées dans leurs dimensions les plus locales.

Le comité éditorial examinera avec attention toutes les propositions
d'auteurs ou de collectifs qui ont adopté une démarche interdisciplinaire
pour traiter de la complexité.

Sommaire

Introduction 7

Partie 1. Approche théorique de l'agriculture comparée 11

Chapitre 1. L'agriculture comparée, objet et enjeux 13
   Le développement agricole, objet de l'agriculture comparée 13
   Les enjeux de l'agriculture comparée 15

Chapitre 2. Aux origines de l'agriculture comparée, l'héritage de René Dumont 19
   Les origines de l'agriculture comparée 19
   Comparer pour pouvoir améliorer 20
   Un renouveau décisif pour l'agronomie et l'économie agricole 22
   Retour au terrain, un antidote aux dérives théorisantes 24

Chapitre 3. Le «système agraire », concept intégrateur de l'agriculture comparée 29
   Origine et développement du concept de système agraire 29
   Échelles et frontières 38
   Système de production, système de culture et système d'élevage 48
   Combinaison d'échelles d'observation, d'analyse et de compréhension 57
   Entre sciences du vivant et sciences sociales, un délicat positionnement
   du « système agraire » 59

Chapitre 4. L'approche diachronique des systèmes agraires 65
   Qu'est-ce qu'une « révolution agricole » ? 66
   Crise agricole, crise du système agraire 74
   Agriculture comparée, « crises » et « révolutions » agricoles 78
   Comprendre le changement dans la durée pour mieux identifier les processus
   à promouvoir 79

Chapitre 5. Comparer les processus productifs à l'échelle mondiale 81
   Écarts de productivité à l'échelle mondiale et conséquences sur le développement 81
   Quelles formes d'agriculture promouvoir ? 84

Partie 2. Méthodes et savoir-faire de l'agriculture comparée 89

Chapitre 6. L'approche micro-régionale des questions agraires 93
   La petite région agricole : objet privilégié de l'analyse en termes de système agraire 93
   Lire le paysage 94

Chapitre 7. Terrain et enquêtes 97
Faire les enquêtes soi-même et recueillir à la fois des données qualitatives
et d'autres rigoureusement quantifiées 97
Savoirs d'en haut et savoir d'en bas…, rompre les hiérarchies implicites 99
Outils, machines et gestes : technologie de l'agriculture et problématique
de l'innovation 101

Chapitre 8. Faire de l'histoire en agriculture comparée 105
Un problème de sources 105
Enquêtes historiques en agriculture comparée 107

Chapitre 9. Comment construire des typologies d'exploitations agricoles ? 113
Bref aperçu des méthodes typologiques 113
Pour une identification préalable des systèmes de production 114
Tenir compte des modalités d'accès aux ressources 116
Expliquer la diversité 117

Chapitre 10. Une économie des processus de production agricole 119
Relier approche économique et processus techniques 119
Une économie de la production agricole appliquée à l'échelle du système
de production 120
L'agriculteur, *Homo oeconomicus* ? 130

Chapitre 11. Agriculture comparée et évaluation 135
L'évaluation systémique d'impact 135
L'évaluation économique des projets de développement du point de vue
de l'intérêt général 138

Conclusion 145

Références bibliographiques 149

Introduction

La question agricole et alimentaire mondiale fait partie des enjeux majeurs auxquels l'humanité est et sera confrontée dans les décennies à venir. Comment nourrir la planète ? Comment *se nourrir* sur la planète ? Et quels processus productifs promouvoir pour aller progressivement vers des types d'agricultures qui assurent une production alimentaire abondante et de qualité, qui préservent les écosystèmes exploités et leurs habitants, qui soient créateurs d'emplois et de revenu et qui contribuent à réduire les inégalités de niveau de vie qui se sont tant creusées durant les dernières décennies ? Pour tenter de répondre à ces questions et éclairer, autant que faire se peut, les décideurs, la comparaison des multiples formes d'agriculture en présence dans chaque région ou pays est plus que jamais nécessaire. Mais cette comparaison ne doit pas seulement être menée à bien à l'aide de critères de structures rendus accessibles au chercheur par les appareils statistiques. Elle doit porter sur les processus en cours, les trajectoires passées et actuelles et leurs modalités de différenciation. Elle doit permettre d'expliquer ces évolutions et de leur donner sens. Elle doit enfin permettre la comparaison de leurs résultats en matière de production quantitative et qualitative, en matière de création de richesse et de revenu, en matière de maintien ou de création d'emplois, du point de vue aussi des formes d'artificialisation des écosystèmes et de ses conséquences.

L'agriculture comparée s'est attelée à cette tâche. Cette discipline fut introduite à l'Institut national agronomique de Paris, notamment par René Dumont au lendemain de la seconde guerre mondiale, en tant qu'approche globale et pluridisciplinaire de l'agriculture. Dumont soulignait déjà l'importance à accorder aux conditions économiques, sociales et politiques du développement agricole. Depuis ses lointaines prémices, et sur la base de cette approche renouvelée de l'agriculture, l'agriculture comparée s'est peu à peu dotée de concepts originaux et adaptés à son objet. Elle s'est progressivement constituée en démarche scientifique à part entière.

Au sein du département des sciences économiques sociales et de gestion de l'Institut national agronomique Paris-Grignon (INA-PG), devenu AgroParisTech, l'Unité de formation et de recherche (UFR) « Agriculture comparée et développement agricole » forme aujourd'hui des agroéconomistes capables d'appréhender les transformations historiques et contemporaines des agricultures du monde afin de leur permettre de formuler, de gérer et d'évaluer des projets, programmes et politiques de développement agricole, adaptés à chaque situation. Elle contribue ainsi à la formation de praticiens et de chercheurs capables de saisir les aspects à la fois techniques, économiques et sociaux du développement agricole, des esprits critiques capables de replacer le fait technique dans l'ensemble du fait social.

Ce livre a pour ambition de présenter cette approche de l'agriculture, ses concepts et méthodes particulières. Cette réflexion est basée sur vingt-cinq années de pratique de recherche et d'enseignement nourries sur différents terrains latino-américains (Mexique, Amérique centrale, Andes), africains (Burundi, Éthiopie, Afrique du Sud, Côte d'Ivoire, Guinée, Sierra Leone), dans une moindre mesure asiatiques (Laos, Vietnam), mais aussi français et européen (Ukraine). Elle s'inspire aussi et surtout d'une vingtaine d'années de travail en équipe au sein de l'UFR « Agriculture comparée et développement agricole » et doit beaucoup aux discussions et travaux de terrain menés avec mes collègues. Qu'ils en soient ici chaleureusement remerciés. Pour autant, cette réflexion est personnelle, engagée, provocatrice parfois, toujours imparfaite et inachevée, en bien des points contradictoire. J'espère qu'elle pourra se prolonger et s'enrichir dans l'avenir, notamment grâce aux réactions qu'elle aura pu susciter.

Ce livre est organisé en deux parties : la première est consacrée à une réflexion théorique sur l'agriculture comparée. Elle présente d'abord la notion de « développement agricole », objet même de l'agriculture comparée, mais auquel il est redonné, comme on le verra, une dimension endogène (chap. 1). On montrera ensuite comment, à partir du travail séminal de Dumont dès le milieu du XXe siècle, cette approche de l'agriculture s'est peu à peu forgée, consolidée, à partir d'une démarche au plus près possible du terrain et en gardant une certaine distance vis-à-vis des approches théoriques du développement qui avaient cours à l'époque, notamment au lendemain des indépendances africaines (chap. 2). De longs développements sont ensuite consacrés au concept de *système agraire*, concept intégrateur autour duquel s'est peu à peu construite l'agriculture comparée (chap. 3). L'origine du concept et ses avancées seront explorées, mais aussi les questions qui surgissent quant à l'échelle spatiale de son application ainsi que les difficultés de son maniement dans certaines situations. Ses sous-systèmes constitutifs, notamment celui de système de production, seront analysés en détail, étant entendu que c'est bien la combinaison de différentes échelles d'observation et d'analyse qui donne au concept de système agraire son efficacité. Dans le chapitre 4, il est question de l'approche diachronique des systèmes agraires, et notamment de l'intérêt, pour appréhender et comparer le temps long des transformations agraires, d'introduire les notions de « révolution agricole » et de « crise ». L'approche synchronique des systèmes agraires est abordée ensuite (chap. 5) et, avec elle, l'intérêt d'une approche comparatiste des processus de production, de leurs trajectoires et de leur différenciation à l'échelle mondiale.

La deuxième partie est consacrée aux méthodes et savoir-faire de l'agriculture comparée. Bien que l'agriculture comparée soit surtout portée par des agronomes et agroéconomistes, et requiert donc un bagage agronomique large spécifique, cette discipline fait aussi appel à des savoirs et des savoir-faire concernant d'autres disciplines des sciences sociales. Il y sera d'abord question du choix d'aborder les questions agraires à l'échelle micro-régionale et de l'intérêt de procéder à une lecture attentive du paysage dans lequel s'inscrivent les activités agricoles et d'élevage (chap. 6). Les méthodes d'enquêtes mises en œuvre en agriculture comparée seront ensuite présentées (chap. 7) et avec elles, la nécessité de fonder un véritable dialogue de savoirs entre scientifiques et agriculteurs qui soit réellement débarrassé de préjugés porteurs de jugements de valeur implicites. Dans le chapitre 8, c'est la méthode historique propre à l'agriculture comparée qui est abordée, méthode qui fait la part belle, là aussi, aux entretiens menés avec les producteurs eux-mêmes. On aborde dans le chapitre 9 la question des typologies d'exploitations agricoles, outils indispensables à la compréhension du réel, mais à manier avec doigté. On insistera à ce sujet sur l'intérêt de mettre à profit une lecture préalable du paysage et l'approche historique pour identifier de façon pertinente les systèmes de production à étudier. Le chapitre 10 est consacré à l'approche économique développée à l'échelle du système de production. Les résultats économiques du système de production sont compris comme résultats de son fonctionnement technique d'une part, et par là jamais analysé séparément de ce dernier, et comme résultats des modalités d'accès aux ressources propres à chaque catégorie de producteurs d'autre part, ainsi que des conditions de prix relatifs dans lesquelles ils s'insèrent. La question de l'évaluation sera ensuite abordée (chap. 11). Les savoir-faire développés en agriculture comparée peuvent en effet se révéler efficaces pour identifier et mesurer au plus près du réel, l'impact différencié, sur les producteurs et les systèmes agraires, des projets et politiques de développement.

Première partie

Approche théorique
de l'agriculture comparée

Chapitre 1

L'agriculture comparée, objet et enjeux

LE DÉVELOPPEMENT AGRICOLE, OBJET DE L'AGRICULTURE COMPARÉE

Le mot « développement agricole » prête à confusion, ou du moins a de multiples interprétations. La plus répandue fait du développement un processus de modernisation de l'agriculture, en grande partie réalisé grâce à l'introduction et la diffusion, par des *agents de développement*, de matériel biologique et de moyens de production issus de la recherche et de l'industrie. En France, cette conception fut particulièrement en vogue pendant les trente glorieuses, à l'époque où les organismes publics, parapublics, coopératifs ou syndicaux, relayés au niveau local par les SUAD[1] et CETA[2] « prenaient en charge » le développement dans le cadre de la cogestion de l'agriculture française mise en place au lendemain des lois d'orientation de 1960-1962. On pourrait dire que ce mouvement général culmina lors des états généraux du développement agricole organisé au printemps 1982 au lendemain de la victoire de la Gauche, avant de décliner par la suite. Plus au Sud, la multiplication des opérations et projets de développement dans les pays justement qualifiés de « en développement », notamment dans le cadre de la révolution verte, relevait de la même conception du mot et de la chose, cogestion en moins…

Au Nord comme au Sud, c'est la *participation* des agriculteurs au développement qui se révéla très vite la condition *sine qua non* du développement et, lorsqu'elle n'était pas au rendez-vous, le principal facteur limitant. Si la participation des populations devenait ainsi la pierre d'achoppement du développement, n'est-ce pas parce que celui-ci était d'abord conçu comme quelque chose venant d'ailleurs, d'en haut, du dehors ? À tel point que dans son sens le plus restreint, le mot développement en est venu à désigner uniquement les opérations de vulgarisation agricole, et le *secteur du développement*, les catégories socioprofessionnelles *en charge* du développement : agronomes, techniciens, vulgarisateurs…[3] Les objectifs et le processus étaient oubliés – d'autant plus facilement que les effets de ce développement tardaient souvent à se faire sentir – au profit de la structure en

---

1. SUAD : Service d'utilité agricole et de développement.

2. CETA : Centre d'étude technique agricole.

3. Dans ce cas, l'équivalent anglo-saxon de « développement » est bien *extension*.

charge du développement et de son organigramme. Le sens du mot se rapprochait ainsi, étrangement, de celui plus éloigné encore de l'agriculture comparée et parfois employé dans le domaine du marketing : développement signifiant habillage d'un produit pour la vente…

Des efforts considérables ont été faits, au contraire, pour tenter de rapprocher dans une démarche commune, recherche et développement, notamment dans les démarches de *recherche-développement* et *recherche-action* expérimentées à partir des années 1980 dans différents pays[4]. En témoigne la production scientifique considérable en matière de « développement », tant au Nord qu'au Sud, qu'il sera impossible d'analyser ici.

Le mot « développement » a connu un sens beaucoup plus large à l'époque où *l'économie du développement* se spécialisait, en tant que discipline scientifique, dans l'étude du sous-développement et des moyens à mettre en œuvre pour s'en sortir. Les théories économiques du développement – financement de la transition, thèses développementalistes, théories de la dépendance – ont fait couler beaucoup d'encre dans la foulée des indépendances africaines, avant que les champs spécifiques de l'économie du développement (à savoir le sous-développement) ne soient massivement investis par l'économie néoclassique et ses développements récents visant à rendre compte des « imperfections du marché » et des « dissymétries informationnelles ». Le désenchantement qui a suivi l'enthousiasme et l'espoir des premières années post-indépendance, la perte de crédibilité des grands paradigmes du développement, l'échec patent, enfin, de tant de projets et programmes de développement dans le Tiers Monde ont alors constitué un terrain favorable à des contestations radicales de l'idée même de développement, compris comme un nouvel impérialisme de la pensée occidentale, destructeur des identités et des cultures locales. Après tout, pourquoi s'acharner à financer toutes sortes de projet si leurs bilans sont dérisoires, pour ne pas dire calamiteux, alors que la paysannerie n'a pas besoin des agronomes, économistes, géographes et experts de tout poil ? « L'après développement » aurait-il commencé, comme on l'entend parfois ? Ou faudrait-il tourner définitivement la page du développement[5] ?

Si le « développement agricole » est bien l'objet privilégié de l'agriculture comparée, encore faut-il préciser davantage, parmi cette nébuleuse de conceptions possibles, celle que nous retiendrons, et éliminer ainsi les « fantômes du langage »[6]. Au sens le plus courant et qui réduit le processus de développement aux actions volontaires posées par les pouvoirs publics, les collectivités ou les ONG, et à leurs effets, nous préférons celui, plus global, d'un *processus général de transformations de l'agriculture, inscrit dans la durée, et dont les éléments, causes et mécanismes peuvent*

---

4. Guichaoua et Goussault, 1993, p. 53-59. Beaucoup de ces initiatives furent le fait d'agronomes « du développement » directement impliqués dans une démarche d'agriculture comparée ou très proche de celle-ci, par exemple sur le plateau de Salagnac, en République d'Haïti, ou dans les collines du Népal central (Bergeret et Deffontaines, 1986). Au sujet de la recherche-action, voir aussi l'ouvrage de P. Lamballe et C. Castellanet (2003).

5. Comme le propose sans nuance Serge Latouche (2001).

6. L'expression est de Philippe Couty, justement à propos du « développement » (1981). Un autre fantôme nous hante aujourd'hui : le « développement durable »…

être à la fois d'origine endogène et le fruit de différents apports, enrichissements ou innovations exogènes. Cette conception est évidemment beaucoup plus riche et complexe que l'ensemble des effets souhaités ou réels des projets, programmes ou politiques mises en place par ailleurs pour tenter d'infléchir le sens du développement agricole, *a fortiori* beaucoup plus vaste que le simple organigramme des services dits « de développement ».

À titre d'exemple, l'ensemble des transformations de l'agriculture qui a caractérisé la révolution agricole des XVIIIe et XIXe siècles en Europe de l'Ouest (mise en culture des jachères avec des plantes sarclées et des cultures fourragères, développement et intensification de l'élevage, accroissement des rendements céréaliers) fut un authentique processus de développement, au sens ou nous l'entendons en agriculture comparée. De la même façon, les changements opérés dans l'agriculture du Burundi et du Rwanda au cours du XVIIIe siècle, bien avant la colonisation donc (généralisation des plantes d'origine américaine, modifications des systèmes de culture et bouleversement du calendrier de travail des agriculteurs, étalement des récoltes et amélioration substantielle de l'alimentation, doublement de la productivité du travail…) ont constitué un réel processus de *développement agricole*, au sens plein du terme (*infra*).

Sans atteindre pour autant l'importance des transformations citées ci-dessus et qui constituent par leur ampleur ce que nous appelons une révolution agricole (*infra*) :

> le développement agricole peut se définir comme un changement progressif du processus de production agricole allant dans le sens d'une amélioration du milieu cultivé, des outils, des matériels biologiques (plantes cultivées et animaux domestiques), des conditions du travail agricole et de la satisfaction des besoins sociaux (Mazoyer, 1987).

Tel est donc bien *l'objet* de l'agriculture comparée. Que ce processus puisse être considéré comme progressiste, au premier sens du terme, ou qu'il traduise au contraire une dégradation de ses éléments constitutifs est une autre chose. Et c'est précisément sur la base d'une étude approfondie de ces processus de *développement*, de ces aspects tant progressistes que régressifs et contradictoires, qu'un regard critique peut être porté sur ce qui s'est fait dans le passé et se fait actuellement en matière de « développement » (au sens restreint du terme, cette fois-ci), et que de nouvelles propositions peuvent être esquissées. L'étude et la mesure de l'impact, sur le secteur agricole, des projets de développement et politiques agricoles trouve alors toute sa place, et sa perspective, en agriculture comparée.

LES ENJEUX DE L'AGRICULTURE COMPARÉE

Son objet étant désormais mieux cerné, il sera plus aisé de définir l'agriculture comparée et ses principaux enjeux. Pour Marc Dufumier, il s'agit de « comprendre les réalités agraires pour infléchir le développement agricole » (1996a), définition qui englobe les deux dimensions de l'agriculture comparée, celle, cognitive, dont l'enjeu est la production de connaissances pour une meilleure compréhension des processus en cours et celle, plus appliquée, dont le principal objectif est de contribuer à l'élaboration de projets, programmes et politiques de développement susceptibles d'infléchir le cours du développement agricole dans le sens de l'intérêt général. Développant ainsi ces deux fondements de la discipline, Marc Dufumier écrit d'une part :

> [L'agriculture comparée] vise à rendre intelligible les processus historiques à travers lesquels les divers systèmes agraires mondiaux ont été amenés à évoluer sous la double dépendance des conditions écologiques et des transformations socio-économiques. Elle présente et développe le cadre de référence théorique permettant de resituer chacune des réalités ou situations agraires particulières dans leurs perspectives historiques, en relation et en comparaison avec le mouvement plus général de différenciation des systèmes agraires dans le monde (1996b, p. 303).

Il précise d'autre part :

> [L'enjeu principal de l'agriculture comparée est de] concevoir les nouvelles conditions agro-écologiques et socio-économiques à créer pour que les différents types d'exploitants aient les moyens de mettre en œuvre les systèmes de production les plus conformes à l'intérêt général et qu'ils en aient eux-mêmes l'intérêt. Cela suppose une connaissance relativement fine des éléments agro-écologiques et socio-économiques sur lesquels il convient d'intervenir prioritairement pour modifier le comportement des agriculteurs et le devenir de leurs systèmes de production (1996a, p. 927).

Dans l'édition 1989 du Grand Larousse universel, Marcel Mazoyer écrivait aussi, à l'article « agriculture comparée » : « L'agriculture comparée s'applique à découvrir les conditions d'un développement adapté à chaque situation et viable, c'est-à-dire reproductible », un développement agricole « durable », comme nous le verrons, bien que le terme ne soit pas encore d'usage à cette époque-là.

Elle s'attache à construire :

> un corps de connaissances synthétiques qui explique les origines, les transformations et le rôle de l'agriculture dans le devenir de l'homme et de la vie, aux différentes époques et dans les différentes parties du monde, un corps de connaissances qui puisse à la fois s'intégrer à la culture générale, et constituer une assise conceptuelle, théorique et méthodique, pour tous ceux qui ont l'ambition d'intervenir dans le développement agricole, économique et social (Mazoyer et Roudart, 1997b).

L'agriculture comparée est donc la science des transformations et des adaptations des processus de développement agricole. Mais devant l'extraordinaire diversité des agricultures du monde, comment apprécier les mécanismes, les processus, modalités de régulations et contradictions de chacune d'entre elles ? Et comment mettre en place une approche comparatiste porteuse de sens, c'est-à-dire permettant à la fois une meilleure compréhension et mise en perspective de chaque agriculture particulière et une perception fine des modalités et conséquences de leur mise en relation, notamment sous l'influence grandissante des marchés ? L'étude scientifique d'un système agraire des plus singuliers ne trouve son sens que dans la confrontation avec d'autres systèmes agraires :

> Que cette étude cherche à démontrer la spécificité absolue d'une population ou d'un lieu [...], ou bien qu'elle se fixe pour objectif de démontrer que cette population ou ce lieu s'inscrit dans un ensemble plus vaste [...], elle se référera toujours au reste du monde pour affirmer les différences ou les similitudes[7].

> Dans tous les cas cependant, la démonstration de l'unicité d'un objet scientifique repose sur sa distinction d'avec d'autres cas. L'identité d'un objet scientifique est à la fois liée à sa singularité et à sa différence[8].

Mais que faudrait-il comparer et pourquoi ? Faudrait-il comparer des sociétés agraires qui « se ressemblent » ou au contraire privilégier la comparaison d'agricultures les plus dissemblables possibles ? Le processus serait sans fin, et finalement sans objet. C'est pourquoi la démarche comparatiste ne peut pas se limiter à recenser ressemblances et différences. Ce sont les processus qu'il faut comparer, davantage que les objets eux-mêmes. C'est ainsi que l'agriculture comparée cherche :
– à identifier ce qui est universel ou au contraire singulier, ce qui semble fondamental ou plutôt secondaire dans l'organisation des agricultures et leurs dynamiques ;
– à déterminer, interpréter et expliquer ces différences en « resituant chaque situation particulière dans le cadre plus général des évolutions différentielles de l'agriculture à l'échelle mondiale » (Dufumier, 2002b, p. 68) ;
– à mettre en évidence des continuités et/ou ruptures, des parentés, des séries évolutives, une ou plusieurs dynamique(s) d'ensemble ;
– à retenir dans cet héritage agraire de l'humanité, les « façons de faire » et savoir-faire, les outils, mécaniques et machines, les idées, le matériel végétal et animal, bref tout ce qui peut contribuer à éclairer, orienter ou favoriser, dans une situation précise, le développement agricole dans un sens plus conforme à l'intérêt général.
Pour autant, l'analyse comparatiste, aussi enrichissante soit-elle, ne se suffit pas à elle-même, si elle n'est pas dotée d'un certain nombre d'outils, de concepts, capables d'ordonner l'extraordinaire diversité des situations, de lui donner un sens :

> Au sens strict, l'analyse comparative ne peut que reproduire la diversité des phénomènes observables sans la réduire et sans dégager de lois tant soit peu générales qui puissent les expliquer (Mazoyer, 1974).

> [Par ailleurs] comment rendre intelligible la diversité des formes concrètes que revêt aujourd'hui l'agriculture à travers le monde, et en tirer des leçons d'ordre général, sans pour autant aboutir à des généralisations abusives ou à des modélisations trop simplificatrices ? (Dufumier, 2002b, p. 62).

---

7. Ph. Gervais Lambony, à propos de la comparaison en sciences sociales (2003, p. 3).

8. *Op. cit.*, p. 33.

C'est dans cette optique que depuis une quarantaine d'années, l'agriculture comparée a construit ses propres concepts et développements théoriques, portant sur l'évolution historique et la différenciation géographique des systèmes agraires (Cochet, Devienne, Dufumier, 2007). Avant d'analyser les concepts développés par cette discipline ainsi que les méthodes d'investigation mise en place pour cerner son objet, un détour par l'origine et l'histoire de l'agriculture comparée s'impose.

Chapitre 2

Aux origines de l'agriculture comparée, l'héritage de René Dumont

LES ORIGINES DE L'AGRICULTURE COMPARÉE

François Sigaut, directeur de recherches à l'École des hautes études en sciences sociales a rappelé récemment que René Dumont n'avait pas inventé l'agriculture comparée, mais qu'il l'avait réinventée :

> Quand il a commencé sa carrière, on avait pratiquement oublié le nom et la chose, sauf la chaire correspondante de l'agro… (Sigaut, 2004, p. 17).

Il semblerait en effet que ce soit à Duhamel de Monceau (1700-1782) que l'on doive à la fois l'apparition de l'agronomie expérimentale et celle de l'agriculture comparée. La mise en place d'expérimentations (concernant l'usage du semoir mécanique et de la houe à cheval), dans des circonstances différentes et pour partie non contrôlables, rendait nécessaire l'observation attentive et la *comparaison* des pratiques.

Un siècle plus tard et tandis que les perspectives de progrès s'élargissaient, il ne s'agissait plus de raisonner les pratiques, mais de les changer au plus vite :

> Les agronomes cessent alors de s'intéresser aux pratiques – elles sont laissées aux folkloristes – pour se muer en vulgarisateurs du progrès. Le passé, et même le présent, dans la mesure où on considère qu'il ne fait que prolonger le passé, n'ont plus d'intérêt. Seul l'avenir compte, un avenir qui ne se décide plus sur le terrain mais dans les laboratoires et les stations de recherche. […] René Dumont est probablement le premier, au XXe siècle, à avoir combattu cette erreur, dont on n'a pas encore mesuré les conséquences (*op. cit.*).

Le retour à l'observation et à l'analyse comparatiste : telle serait donc la leçon de Dumont et sa réinventions de l'agriculture comparée.

La « chaire d'agriculture comparée » avait pourtant été fondée dès 1878 par Eugène Risler, qui proposa un cours sur le thème : « La comparaison des systèmes d'agriculture pratiqués actuellement dans les différents pays, dans des conditions économiques, géologiques et climatiques variées » (Boulaine et Legros, 1998, p. 219).

Son ouvrage majeur *Géologie agricole* (Risler, 1897) a l'incomparable mérite d'insister sur la diversité spatiale de l'agriculture que beaucoup de spécialistes avaient négligée avant lui. Malgré ce titre, révélateur du point de vue de l'auteur et porteur d'un certain *déterminisme* du milieu physique, Risler examine aussi les pratiques agricoles, les caractéristiques de l'élevage :

> Pour mieux comprendre ces pays, il se fait sociologue et parfois historien ; il est aussi économiste [...] et prévoit la mondialisation de l'économie ; il discute des droits de douane et du protectionnisme... (Boulaine et Legros, *op. cit.*, p. 222).

Cependant, c'est bien Dumont qui donnera à cette approche globale et pluri-disciplinaire toute sa dimension en soulignant l'importance des conditions économiques, sociales et politiques, pour décrire et comprendre les multiples formes et voies de développement de l'agriculture (Dufumier, 2002a). « Agronome de la faim », Dumont fut particulièrement soucieux d'accroître la production alimentaire des pays les plus touchés par la malnutrition. Toutefois il fallait se rendre à l'évidence :

> Le progrès technique en agriculture ne peut se raisonner de manière exogène. Il s'inscrit dans un réseau complexe de relations sociales (droit d'accès à la terre, répartition des moyens de production, épargne disponible pour l'acquisition de moyens de production nouveaux réputés « modernes », place des différentes caté-gories d'agriculteurs dans le processus social des échanges et de redistribution des fruits du travail, etc.). Le centre de gravité des préoccupations de l'agronome se déplace donc progressivement du savoir-faire technique, vers la compréhension des rapports sociaux de production prédisant à la mise en œuvre de ce savoir-faire (Kroll, 1992, p. 10).

COMPARER POUR POUVOIR « AMÉLIORER »

Le seul texte publié de Dumont portant explicitement sur « l'agriculture comparée » semble être celui publié dans le *Larousse agricole* dans son édition de 1952, à l'article intitulé « agriculture comparée ». Maître de conférences à l'Institut national agronomique, il esquisse alors « définition et bases » de l'agriculture comparée :

> L'agriculture comparée se propose d'étudier les traits essentiels de l'agriculture de différentes unités géographiques (hameaux ou quartiers, communes, cantons, « pays », régions, nations ou continents) en vue de rechercher les possibilités d'amé-lioration. [...] Travail d'agronome, sa tâche essentielle nous paraît devoir conseiller non les techniques modernes [...] mais le choix des spéculations animales et végé-tales les plus indiquées, ainsi que le *cadre* dans lequel l'application de ces techniques serait moins malaisée (Dumont, 1952).

Comparer pour pouvoir améliorer, orienter, développer l'agriculture : tel semble être alors, dans l'esprit de Dumont, l'objectif premier de l'agriculture comparée et sa raison d'être. Sollicité de toute part pour donner son avis et engagé dans une démarche de planification de l'agriculture au lendemain de la seconde guerre mondiale, Dumont dessine les contours des grands bassins de production du futur, sélectionne pour chaque région les activités qui méritent d'être développées, celles dont l'avenir semble condamné. L'agriculture comparée est, à l'échelle mondiale, l'approche qui lui permet d'avancer dans cette voie. À l'époque, il est vrai, l'agriculture française est encore largement dominée, malgré d'importants contrastes régionaux issus notamment du premier mouvement de spécialisation régionale permis par le développement du chemin de fer à la fin du XIXe siècle, par les systèmes de polyculture-polyélevage, combinant un grand nombre de productions, et, par là, peu spécialisés :

> Après avoir décrit les systèmes de culture et d'élevage existants, le rôle de l'agronome est donc de conseiller l'agriculteur (en économie d'entreprise individuelle), sinon parfois de trancher (en économie de plan) : dans tous les cas d'indiquer l'évolution désirable de ces systèmes. C'est la tâche la plus délicate qui puisse être réclamée à l'homme de l'art. Les éléments de connaissance du milieu [...] et des systèmes de production actuels doivent être rapprochés des objectifs nationaux du plan, qui indique les spéculations à développer et celle qu'il faut ralentir (*op. cit.*, p. 907).

À l'époque, il s'agit donc d'impulser un mouvement de spécialisation régionale jugé conforme à l'intérêt général (c'est bien toujours le sens que Dumont donnera à la planification), mouvement qui doit être mené, en fonction des avantages comparatifs de chaque région :

> Dans un contexte profondément marqué par 70 ans de protectionnisme méliniste[1], de célébration de l'autarcie paysanne aussi bien par les républicains conservateurs que par les catholiques agrariens, cet appel au commerce, à l'échange, à la spécialisation, est une rupture sans égal (Hervieu, 2002).

Associant alors étroitement démarche d'agriculture comparée et nécessité de spécialisation régionale (et mondiale), Dumont fait de cette discipline une science entièrement finalisée vers l'action et, dans le contexte de l'époque, vers la mise en place des grandes lignes de la spécialisation agricole. C'est ainsi qu'il propose l'abandon des céréales et le développement des systèmes d'élevage en montagne avec accroissement des stocks fourragers ; le retournement des prairies permanentes et l'intensification fourragère dans l'Ouest et les marges du Massif central ; la déconcentration du vignoble et l'accroissement de la qualité ; le remplacement de la jachère encore présente sur les plateaux calcaires du Nord-Est par des prairies temporaires et l'intensification de l'élevage ; la « décongestion » du bocage armoricain, l'arrachage des haies et l'intensification laitière à l'Ouest… ; l'irrigation, le maïs hybrides et les élevages associés dans le Sud-Ouest ; l'irrigation de la basse-Durance et le développement de l'arboriculture fruitière ; le développement du colza comme tête de rotation dans le Bassin parisien pour concurrencer l'arachide africaine, mais l'abandon de la betterave sucrière, trop rudement concurrencée par la canne…

Évoquant le développement des transports lourds à longue distance de la fin du XIXe siècle et ses conséquences sur ce premier mouvement de spécialisation, il déclare curieusement : « Nous sommes donc entrés dès avant le XXe siècle dans la

---

1. Jules Méline, ministre de l'Agriculture sous la troisième République, puis président du Conseil, principal instigateur de la politique protectionniste de l'époque.

phase dynamique de l'agriculture comparée », assimilant presque la discipline et le résultat de son application (Dumont, 1952, p. 904). Dumont verra même dans les prémices des futurs quotas de production (betterave) et appellations d'origines contrôlées pour le vin (AOC) des tendances monopolistiques aboutissant à l'immobilisme et qui rendraient ainsi inutiles les travaux de l'agriculture comparée ! (*op. cit.*, p. 926).

Comparer pour améliorer : l'agriculture comparée n'est pas encore une discipline scientifique à proprement parler, mais plutôt une science de l'action. Il ajoute en effet :

> En réalité, la matière est trop complexe et insuffisamment étudiée pour qu'on puisse dégager des lois universelles ; elle reste un art qui indiquera plutôt des tendances, parfois même des règles assez générales. Art qui exigera beaucoup de bon sens pour la mise en œuvre simultanée de données scientifiques extraordinairement multiples, sur lesquelles doit s'appuyer toute étude d'agriculture régionale (*op. cit.*, p. 903).

UN RENOUVEAU DÉCISIF POUR L'AGRONOMIE ET L'ÉCONOMIE AGRICOLE

Au-delà des objectifs de l'agriculture comparée affichés par Dumont à cette époque et un peu limités dans le contexte bien particulier de l'après guerre, la comparaison des systèmes agricoles mis en place dans différentes parties du monde apportait une dimension nouvelle à l'agronomie prise au sens général. Élargissant considérablement les perspectives comparatistes initiées par Arthur Young[2] deux siècles auparavant, Dumont se lançait dans cette comparaison à l'échelle mondiale. Par exemple, la *comparaison* des productivités brutes du travail, mesurées en kilogrammes de céréales produits par journées de travail consacrée à la culture, comparaison systématiquement mise en avant dès cette époque dans les travaux de Dumont[3], se révélera de plus en plus incontournable pour tenter de prévoir et d'anticiper les évolutions respectives du secteur agricole des différentes régions du monde. Dumont aura été le premier à pointer du doigt les formidables écarts en matière de productivité du travail et à s'inquiéter des importantes conséquences de ces inégalités à l'échelle mondiale. Avec plus d'un demi-siècle de recul sur ces travaux, alors que l'unification croissante du marché et des prix et ses conséquences, mobilisent aujourd'hui conférences internationales et mouvements sociaux de grande ampleur, on mesure à la fois leur caractère précurseur et la nécessité, plus que jamais, de mesurer et de comprendre ces écarts de productivités, d'ailleurs décuplés depuis les premiers travaux de Dumont. L'idée que le monde est *un* et que ce qui se passe à un endroit donné ne peut guère être compris sans référence à ce qui se passe à l'autre extrémité de la planète, périmant déjà toute approche par champs

---

2. Arthur Young (1741-1820), agronome et économiste anglais, auteur de *Voyage en France*, publié en anglais en 1792 et traduit en français en 1794.

3. Y compris dans cette première définition de l'agriculture comparée rédigée pour le *Larousse agricole* de 1952. Voir aussi *Économie agricole dans le monde* (1954) et Marc Dufumier (2002b).

géographiques de l'agronomie ou de la géographie, constituera dès cette époque le fil conducteur de l'agriculture comparée.

Le retour en force de l'observation et de la description des pratiques paysannes constitue aussi, à n'en pas douter, un acte fondateur de l'agriculture comparée :

> Dans tous les cas, l'agriculture comparée doit étudier les systèmes de culture et d'élevage dans leur état actuel et aussi du point de vue dynamique, en suivant les changements passés et surtout récents, qui indiquent le sens de l'évolution (Dumont, 1952, p. 907).

La connaissance précise du milieu et de l'état actuel de l'agriculture, du sens de son évolution historique, devra être accompagnée d'un inventaire des ressources humaines et matérielles disponibles, puis des débouchés actuels et potentiels. Dans « les traits essentiels » qu'il attribue à l'agriculture comparée, Dumont passe en revue :

> ce que doit décrire une étude d'agriculture comparée : les conditions de climat et de sol, les conditions humaines et les modes de faire-valoir, la dimension des unités de production et leur source d'énergie, les systèmes de culture et d'élevage ainsi que leur dynamique, le degré d'intensification et d'équipement... (*op. cit.*, p. 904).

Les trente premières années de la vie professionnelle de Dumont (1933-1961) furent surtout marquées par de longues études de terrain et plusieurs ouvrages retraçant avec une infinie minutie les principales caractéristiques de l'agriculture dans quelques grandes régions du monde (Tonkin, États-Unis, France, Chine[4]). À la lecture de ces ouvrages, on reste frappé par la manière dont sont restituées observations et conversations avec les paysans rencontrés. Point de protocole d'enquête ou d'échantillonnage normalisés, mais une foule d'observations ordonnées selon un itinéraire suggéré par l'intuition et choisi avec soin dans la diversité agricole de la région étudiée, observations parfois aussi imposées par le hasard des rencontres : un foisonnement d'images concrètes, de témoignages et comptes rendus d'enquêtes minutieux, documentant avec une précision redoutable successions culturales et itinéraires techniques, déplacements des troupeaux et calendriers fourragers, description de matériel aratoire et organisation du travail, productivité et revenu agricoles, etc. Dans les colonies belges, c'est Pierre De Schlippé qui initiera ce retour au terrain, à l'observation directe et à l'enquête par sa méthode « d'anthropologie agricole » (De Schlippé, 1956a, 1956b).

Parce qu'il accordait autant d'importance à la description fine et précise des gestes de l'agriculteur indochinois ou africain qu'à ceux des agriculteurs français dans cette exigence de comparaison, Dumont va aussi secouer brusquement, et salutairement, l'agronomie coloniale. À l'époque, il n'y a guère que les ethnologues à consacrer du temps à l'observation et à la description précises des faits et gestes des populations lointaines. Quand Dumont est envoyé au Tonkin, c'est pour

---

4. *La culture du riz dans le delta du Tonkin* (1935, Société d'éditions géographiques, maritimes et coloniales, Paris), *Les leçons de l'agriculture américaine* (1949, Flammarion, éditeurs), *Voyages en France d'un agronome* (1951, Éditions M.-Th. Génin, Paris), *Révolution dans les campagnes chinoises* (1957, Seuil, Paris).

« améliorer » la riziculture indochinoise, mais quand il se penche longuement sur les techniques rizicoles traditionnelles, il conclut finalement à leur « validité générale » (Dumont, 1954, p. 15). Faire d'une séquence technique d'agriculture sur brûlis un objet d'étude aussi important et intéressant qu'un assolement triennal de l'Est de la France, lui attribuer une certaine « validité » et mesurer, avec les mêmes outils et méthodes, la productivité du travail qu'elle autorise, voilà qui renouvelait, et pour longtemps, l'approche que les agronomes pouvaient avoir de ce l'on appellerait désormais *Tiers Monde*. À l'époque des indépendances et dans le foisonnement nouveau des idées qu'elles provoquaient, de nombreuses sciences sociales furent secouées et, par là, obligées de se renouveler ou de se « repositionner ». L'agronomie, science « technique », aurait échappé à ce renouveau des idées pour de longues années encore sans l'agriculture comparée d'un Dumont ou d'autres agronomes, au demeurant peu nombreux[5].

Rompre avec l'enseignement des « cultures spéciales » de nos colonies au profit d'un cours d'agriculture comparée[6], affirmer comme valides les pratiques paysannes des « autochtones », suggérer que certains agriculteurs nord-américains ou colons algériens dégradaient le patrimoine foncier par leurs pratiques érosives, tout autant ou davantage que leurs collègues africains pratiquant l'agriculture sur brûlis, tout cela représentait alors – nous sommes en 1952 – un véritable défi, d'autant plus osé qu'il prenait corps dans l'enceinte feutrée d'une grande école parisienne.

RETOUR AU TERRAIN, UN ANTIDOTE AUX DÉRIVES THÉORISANTES

À l'époque ou l'agriculture comparée se développait sous l'impulsion de Dumont, puis de Marcel Mazoyer à partir de 1974, le monde connaissait des évolutions politiques majeures, notamment à l'occasion des indépendances africaines. Les débats d'alors sur le développement et le sous-développement donnèrent lieu à un formidable essor des sciences sociales autour de la notion et de l'interprétation du « sous-développement » (Guichaoua et Goussault, 1993). Les grands courants de pensée de l'époque (théories de la modernisation, approches « dépendantistes », approches marxistes, etc.) ne pouvaient ignorer le secteur agricole des sociétés qu'ils cherchaient à comprendre. Leur influence sur l'agriculture comparée a pu être notable, notamment l'idée, éminemment moderne, de l'interdépendance des économies du Sud et du Nord au sein du marché mondial, et celle que le sous-développement au Sud ne pouvait être compris ni analysé qu'en l'intégrant comme composante endogène du développement des pays du Nord.

Dans le monde académique anglo-saxon, cette époque est marquée par la multiplication des recherches se revendiquant des *peasant studies*, travaux notamment marqués, à leur début par T. Shanin (1970), et dont un aperçu

---

5. En Belgique, c'est sans aucun doute Pierre De Schlippé qui assumera cette rupture avec une certaine agronomie coloniale.

6. C'est ce que propose René Dumont en 1953 dans sa notice « titre et travaux »... rédigée pour sa présentation au concours de Professeur...

synthétique est fourni par H. Bernstein et T. J. Byres (2001). Dans le contexte des études sur le développement des pays pauvres au lendemain des indépendances, il s'agissait de voir en quoi une meilleure connaissance de ces paysanneries pouvait permettre de mieux appréhender les formations agraires précapitalistes de différentes parties du monde, les chemins de la transition des pays en voie de développement vers le capitalisme ainsi que les conséquences des transformations coloniales sur les dynamiques et processus de développement/sous-développement qui allaient suivre (Bernstein et Byres, 2001). À une époque où les références marxistes occupaient une large place dans les sciences sociales, de consistants débats portaient, (1) sur les formations précapitalistes et le « mode de production féodal », (2) sur la « transition au capitalisme », (3) sur la « transition au socialisme », (4) sur le colonialisme et (5) sur la relation développement/sous-développement.

Parmi les apports fondamentaux de l'économie du développement de l'époque, figurent sans aucun doute, d'une part, l'idée de la *dégradation des termes de l'échange* et donc la remise en cause de l'intérêt de la spécialisation des pays du Sud vers les produits primaires, notamment agricoles, et, d'autre part, la notion de *dualisme*, qui postulait l'existence d'un excédent structurel de main-d'œuvre dans les économies du Tiers Monde (Assidon, 2000). La première allait alimenter un long et vif débat sur les cultures d'exportation *versus* les cultures vivrières, débat qui a un peu vieilli aujourd'hui mais dont l'idée de base, à savoir la dégradation relative de la rémunération des producteurs, est plus que jamais d'actualité. Quant à l'idée du dualisme, elle inspira les politiques de « mise au travail » de l'excédent de main-d'œuvre (appelé ainsi à se transformer en profit), notamment dans le domaine de l'agriculture, politiques dont l'autoritarisme et le dogmatisme n'eurent rien à envier aux politiques de mise en valeur de l'époque coloniale.

Il faut dire qu'à l'époque, tous les théoriciens du sous-développement se rejoignent dans leur méconnaissance presque totale de l'agriculture paysanne et dans un certain mépris affiché pour cette paysannerie. Engluée dans des rapports sociaux dit « précapitalistes », ou seulement susceptibles de *kulakisation*, ces agriculteurs étaient appelés à « évoluer » conformément aux schémas en vigueur : « modernisation », transition vers le capitalisme ou collectivisation. À quoi bon étudier leurs pratiques vouées à une disparition rapide et souhaitable ? D'Ouest en Est, on assiste à un refus commun de tenir compte de l'hétérogénéité des situations nationales et des processus concrets de changement social et économique (Guichaoua et Goussault, *op. cit.*).

Un autre débat théorique, particulièrement animé autour de la question du développement agricole, a marqué cette époque : celui qui voyait s'opposer malthusiens et néomalthusiens d'une part, et partisans de la théorie d'Ester Boserup d'autre part. D'innombrables travaux, notamment sur le développement de l'agriculture africaine, ne manquèrent pas de rappeler en introduction les théories développées en leurs temps par Thomas Robert Malthus et Ester Boserup, comme si la définition d'une problématique de recherche ne pouvait se passer de ces références ou d'en ériger l'une des deux en modèle interprétatif des transformations observées.

Dans l'Angleterre de la fin du XVIIIe siècle, et malgré les changements considérables en cours de la révolution agricole anglaise, Malthus[7] faisait du niveau de production alimentaire (son « plafond de subsistance ») une variable indépendante, ou seulement extensible au gré et en proportion de l'extension des surfaces cultivées au détriment des forêts ou des terres illimitées d'Amérique. Dans ces conditions, l'accroissement géométrique de la population conduisait fatalement à la rencontre des deux courbes, celle des subsistances et celle de la population, et au déclenchement d'un cycle de « régulation malthusienne » : frein préventif pour les classes riches habitées par la hantise de descendre dans l'échelle sociale (recul de l'âge du mariage, espacement des naissances, etc.), famine, misère et mortalité infantile pour les roturiers. Mais la misère était vertueuse… En provoquant la baisse des salaires, elle encourageait les laboureurs à embaucher davantage de monde, en particulier pour accroître les défrichements et élargir ainsi le domaine cultivé, ce qui permettait de relever le plafond de subsistance, d'encourager ce faisant une reprise de la natalité… et de réunir à nouveau les conditions d'un nouveau « cycle de régulation ». À la fois pessimiste et fataliste, empreint également d'une croyance inébranlable en l'ordre immuable des choses et de l'ordre social, Malthus n'envisageait aucune forme de progrès technique et encore moins social.

Près de deux siècles plus tard et dans un contexte historique et démographique bien différent, les pays en voie de développement connaissant leur première transition démographique, les approches néomalthusiennes mettaient en avant la dégradation des conditions d'existence et de production qui résultait de l'explosion démographique. À moins qu'une émigration ne soit envisageable et la colonisation de terres neuves possible, la densification de la population conduisait nécessairement à la surexploitation des terres, à la diminution de leur fertilité, et à une dégradation accélérée de l'environnement[8].

Plus de 150 ans après Malthus et en réaction aux courants néomalthusiens, Ester Boserup publia, en 1965, *The Conditions of Agricultural Growth, The Economics of Agrarian Change under Population Pressure*. La croissance démographique devenait la variable indépendante. En provoquant une baisse tendancielle de la productivité horaire du travail et en contraignant les gens à changer de techniques de production, elle devenait le véritable moteur du progrès agricole. Publié en pleine explosion démographique et en s'appuyant sur une série évolutive supposée caractéristique des pays en voie de développement (le cycle de diminution progressive de la durée de la « jachère » par passage successif des friches forestières de longue durée aux systèmes de culture intensifs à plusieurs cycles par an, en passant par tous les stades intermédiaires), ce texte apportait une bouffée d'optimisme, et réhabilitait quelque peu les sociétés paysannes en les dotant d'une capacité endogène à évoluer et à se moderniser. Accroissement de la fréquence des récoltes, changement technique et

---

7. Nous faisons référence ici à son *Essai sur le principe de population*, publié en 1798 et qui a inspiré la rédaction du texte de 1803, plus connu.

8. Sur ce débat qui opposait, dans les années 1950 malthusiens et « optimistes », voir Sauvy (1958).

intensification donc, mais à quelles conditions ? Deux suffisaient dans l'esprit de l'auteur : que la productivité horaire soit orientée à la baisse – c'est ce qui « motive » les agriculteurs à changer de techniques – et qu'une quantité de travail supplémentaire puisse être mobilisée collectivement et consacrée à l'agriculture, en particulier sous forme d'« investissement-travail[9] » pour les aménagements fonciers que nécessite le passage d'une technique à l'autre (drainage de marais, édification de terrasses, infrastructure hydrauliques, etc.).

Finalement, d'inspiration malthusienne ou bien séduit par les hypothèses de Boserup, tout le monde se rejoignait sur ce qui paraissait l'essentiel, à savoir que c'était bien le rapport population/ressources qui était le moteur des dynamiques agraires. Réunies ainsi dans la plus grande simplicité, les références théoriques dispensaient, en quelque sorte, d'aller chercher plus avant et de réfléchir sur la nature réelle des crises et les moyens à mettre en place pour y faire face.

Par-delà les débats théoriques de l'époque, débats qui bien souvent faisaient fi des particularismes propres à chaque situation, l'hétérogénéité des situations nationales et des processus concrets de changement social et économique constituait l'objet même des investigations de Dumont. Bien que durant sa période « productiviste » et « développementaliste », il ait pu justifier et faire siens certains aspects de ces politiques de « mise au travail » de la paysannerie, la pratique incessante du terrain lui a permis de rester relativement en retrait par rapport à ces grands courants de pensée. Et c'est cette distance maintenue *de facto* par l'agriculture comparée d'avec ces grands courants et interprétations globalisantes du sous-développement dans les années 1960 et 1970 qui permettra justement à Dumont d'entrevoir, le premier, les échecs du développement et de les dénoncer avec fracas dans *L'Afrique noire est mal partie* (1962).

Plus tard, et alors que les grands modèles de développement (et de pensée) commençaient à s'effriter au rythme des désillusions du développement, de l'effondrement du bloc de l'Est et de l'accroissement général des inégalités de développement, un certain pragmatisme opérationnel s'est imposé dans ces mêmes disciplines des sciences sociales (Guichaoua et Goussault, *op. cit.*), rejoignant en cela une démarche déjà mise en place par l'agriculture comparée. Parce que son objet d'étude se prêtait davantage à des études de terrain concrètes et localisées plutôt qu'à des constructions globalisantes, l'agriculture comparée a traversé sans crise cet *aggiornamento* que d'autres disciplines ou courants de pensée développés au lendemain des indépendances ont dû réaliser brutalement.

Depuis cette époque déjà lointaine, un nouveau rouleau compresseur globalisant a menacé les sciences sociales, celui de la mondialisation libérale et d'une théorie économique qui se voudrait unique et seule capable d'expliquer le présent, ainsi que de prévoir et de prescrire les transformations souhaitables des sociétés, secteur agricole compris. Encore une fois, c'est le retour au terrain, au *local*, à la recherche minutieuse des dynamiques *concrètes* de développement ou de marginalisation dans

---

9. « *Investment* » ou « *Rural investment* » dans l'ouvrage d'E. Boserup, bien que l'auteur fasse davantage référence à un investissement sous forme de travail que sous forme de capital.

différentes régions du monde et la *comparaison* des processus en cours, qui est le plus à même d'aller au-delà des explications simplificatrices ou déformantes élaborées trop loin du terrain.

Chapitre 3

Le « système agraire »,
concept intégrateur de l'agriculture comparée

Les pages qui suivent sont consacrées au concept de « système agraire ». Après avoir rappelé l'origine du concept et ses développements récents dans le cadre de l'agriculture comparée, la question de l'échelle d'analyse à privilégier et de ses frontières est analysée et, avec elle, celle des difficultés qui peuvent surgir à l'emploi de ce concept. Dans une troisième partie, on s'attache à expliciter les sous-systèmes constitutifs du système agraire, à savoir, en premier lieu, celui de *système de production* (à l'échelle de l'unité de production élémentaire ou exploitation agricole), en deuxième lieu celui de *système de culture* (à l'échelle de la parcelle) et son homologue le *système d'élevage* (à l'échelle équivalente du troupeau). La nécessaire combinaison de ces échelles d'observation, d'analyse et de compréhension est ensuite abordée. Enfin, on s'interrogera sur le statut et le positionnement atypique de ce concept entre sciences du vivant et sciences sociales.

ORIGINE ET DÉVELOPPEMENT DU CONCEPT DE SYSTÈME AGRAIRE

Structures agraires ou systèmes agraires ? L'apport des géographes

Les géographes ont été les premiers à parler de « système agraire » et c'est sans doute à André Cholley (1946) que l'on doit la première définition du système agraire. À propos de la méthode de recherche en matière de géographie rurale, il écrivait en effet :

> On arriverait à serrer de beaucoup plus près la réalité en considérant que l'activité agricole révèle une véritable combinaison ou un complexe d'éléments empruntés à des domaines différents très étroitement liés pourtant ; éléments à tel point solidaires qu'il n'est pas concevable que l'un d'entre eux se transforme radicalement sans que les autres n'en soient pas sensiblement affectés et que la combinaison tout entière ne s'en trouve pas modifiée dans sa structure, dans son dynamisme, dans ses aspects extérieurs même (Cholley, 1946, p. 82).

Vingt ans plus tard, la thèse de Paul Pélissier sur *Les paysans du Sénégal* fournit un remarquable exemple d'une approche globale et systémique des sociétés agraires, bien que le concept de système agraire ne soit pas évoqué (Pélissier, 1966). L'article publié en 1964 par cet auteur (avec Gilles Sautter), « Pour un atlas des terroirs africains : structure-type d'une étude de terroir », fut à l'origine d'une remarquable série d'études de terroirs africains réalisées par différents chercheurs sous la direction des deux auteurs de cet article.

Trente années après l'article de Cholley, Georges Bertrand renoue non pas avec le *système agraire*, mais avec l'*agrosystème*, dans *Histoire de la France rurale* :

> Chaque agrosystème correspond à un certain rapport entre un type de société rurale et un type d'environnement, aussi bien sur le plan matériel que sur le plan des comportements et des mentalités (Bertrand, 1975).

Dans la foulée de la publication de *Histoire de la France rurale*, Claude et Georges Bertrand proposent même d'étudier les paysages *en tant que* système (1978) :

> Le plus simple et le plus banal des paysages est à la fois social et naturel, subjectif et objectif, spatial et temporel, production matérielle et culturelle, réel et symbolique, etc. Le dénombrement et l'analyse séparée des éléments constitutifs et des différentes caractéristiques spatiales, psychologiques, économiques, écologiques, etc. ne permettent pas de maîtriser l'ensemble. La complexité du paysage est à la fois morphologique (forme), constitutionnelle (structure) et fonctionnelle et il ne faut pas chercher à la réduire en la divisant […] Le paysage est un système…

Plus récemment, un autre géographe, Jean Renard, écrivait :

> Un paysage agraire est aussi, sur un espace plus vaste, à plus petite échelle, la disposition à l'identique d'éléments répétitifs composant une structure agraire ; il en résulte une combinaison agraire qui, concrètement, est la morphologie agraire. […] À l'arrière-plan, apparaît clairement la notion de modèle ou de type agraire, c'est-à-dire la reconnaissance, au-delà de la diversité et complexité des formes, d'une régularité, d'un ordre, d'une organisation. Preuve que le paysage agraire qui est une disposition des lieux est bien d'abord un fait social (Renard, 2002, p. 13).

Dans l'esprit de la plupart des géographes ruraux cependant, et malgré l'ouverture remarquable et précoce d'André Cholley sur le sujet, le terme de « système agraire » a plutôt été employé dans un sens plus restreint et davantage centré sur les « structures agraires » et leur expression spatiale au niveau du paysage agraire. Utilisée d'ailleurs depuis beaucoup plus longtemps, la notion de « structure agraire » s'appliquait à la fois à la forme, à la disposition et à l'ordonnancement des champs, prés, pacages et bois d'une part, et d'autre part à la taille des unités de production et aux différents modes de faire-valoir associés : propriété, fermage, métayage, etc.

En limitant ainsi le *système* à la *structure*, on insistait beaucoup moins sur le caractère dynamique et évolutif des sociétés agraires et sur l'interaction systémique déjà suggérée par André Cholley ou Claude et Georges Bertrand auparavant, donnant alors l'illusion d'un certain immobilisme des paysages et des systèmes agraires. Le terme lui-même de *système agraire* ne fera pas recette chez les géographes : aucune trace de « système agraire » dans le volumineux *Vocabulaire de géographie agraire* de Paul Fénelon (1970). Dans l'édition 2000 du *Dictionnaire de la géographie* de Pierre George et Fernand Verger, le mot n'apparaît toujours pas, mais le concept est presque évoqué dans la définition de « structure agraire ». À côté d'une définition statique pour laquelle la structure agraire se limite à l'habitat, le parcellaire, la propriété rurale, une acception beaucoup plus large est donnée : « La structure agraire serait alors une *"combinaison"* d'éléments physiques, biologiques, humains en interaction profonde. » Le concept de système est donc sous-jacent, pas encore celui de système agraire. Quant à Roger Brunet dans *Les mots de la géographie, dictionnaire critique* (1993), il écrit à l'alinéa « agraire » :

> Système agraire : catégorie traditionnelle de la géographie, au temps où « système » avait un sens faible ; qualifiait surtout la description formelle de l'agencement de l'espace exploité par l'agriculture : relation entre les parties du finage, morcellement et parcellement, et parfois des éléments du régime agraire. A pu s'étendre jusqu'à englober l'ensemble du mode de production, l'organisation de la vie quotidienne, les idées, les institutions.

La première définition se limite clairement à la structure agraire ; la deuxième est plus vaste, mais particulièrement flou, l'auteur n'y adhérant manifestement pas. Enfin, dans le *Dictionnaire de la géographie et de l'espace des sociétés*, publié en 2003[1], le terme système agraire n'est pas mentionné, mais apparaît celui de *agrarian system*, comme traduction possible de structure agraire. La confusion est de mise. Le terme *agrarian system* n'est d'ailleurs pas même mentionné dans *The dictionary of Human Geography*, régulièrement réédité par R. J. Johnston and co (2000).

Reste néanmoins que l'agriculture comparée et la géographie agraire ont bien des choses à partager, le fait que les géographes furent les premiers à parler de « système agraire » n'étant pas étranger à l'émergence d'une certaine proximité. C'est ainsi qu'agronomes et géographes se retrouvèrent autour du séminaire organisé par l'Orstom et au titre évocateur, « À travers champs, agronomes et géographes », dont les actes furent publiés en 1985 (Orstom, 1985). Plus près de nous, Paul Pélissier et Jean-Pierre Raison parlaient, à propos de cette proximité :

> … de connivences entre géographes ruralistes et agronomes, tournant parfois à la symbiose, des connivences qui sont, nous en sommes tous deux convaincus, un élément fondamental pour la fécondité des études agraires dans le monde tropical. […] De cette convergence dont nous avons vu mûrir les fruits, il faudra écrire l'histoire. Les individus y ont contribué, et il n'est pas indifférent que parmi les premiers agronomes ouverts à l'étude des « systèmes agraires » figurent un Deffontaines et un Papy, tous deux fils de géographes (2001, p. 14).

Le « système agraire » des agro-économistes

C'est dans les années 1970 et 1980, et alors qu'un niveau plus global d'analyse se faisait sentir pour appréhender les transformations agricoles en cours tant en Europe que dans les pays du Sud, qu'un certain engouement s'est manifesté, en France surtout, pour ce concept de système agraire, plusieurs agro-géographes ou agro-économistes proposant alors leur propre définition. On essayait alors d'appréhender « l'environnement » de l'exploitation agricole avec un outil plus global et permettant d'illustrer les multiples interactions réciproques au sein de cet « environnement »

---

1. Sous la direction de Jacques Levy et Michel Lussault.

et entre ce dernier et les exploitations agricoles : Deffontaines et Osty écrivaient en 1977 :

> L'hypothèse de travail est qu'il existe des espaces dans lesquels les relations des exploitations entre elles et avec l'environnement présentent des caractéristiques particulières et s'organisent en systèmes que nous appelons *systèmes agraires* (p. 198).

Pour B. Vissac (1979), le système agraire désigne :

> …l'association des productions et des techniques mise en œuvre par une société en vue de satisfaire ses besoins. Il exprime en particulier, l'interaction entre un système bio-écologique, représenté par le milieu naturel, et un système socio-culturel, à travers des pratiques issues notamment de l'acquis technique.

L'approche en ces termes-là, fut notamment développée à l'Inra-Sad et appliquée à des espaces géographiques aussi différents que les Vosges ou le Népal (Inra, 1977, 1986). Cette époque est aussi celle de l'explosion de la recherche système en agriculture, conjuguée à différents niveaux d'analyse et de son faux-équivalent de *Farming Systems Research FSR*[2]. Elle a débouché sur la publication d'importants travaux au début des années 1990, dont un aperçu est livré par exemple dans *Systems Studies in Agriculture and Rural Development* (Brossier, de Bonneval, Landais, éds, 1993) ou dans les actes du symposium international *Recherches-système en agriculture et développement rural* (Sébillotte, 1996). La publication par l'Inra de l'ouvrage de L. de Bonneval, *Systèmes agraires, systèmes de production, vocabulaire franco-anglais* (1993), témoigne aussi de cet intérêt. La recherche système était dès lors à la mode et fut encouragée notamment dans le cadre de l'AFSR/E (*Association for Farming Systems Research and Extension*). La plupart des travaux conduits suivant cette approche mettent alors en avant l'exploitation agricole comme niveau privilégié de l'analyse système, beaucoup moins les niveaux supérieurs. Bien que conduites à l'échelle d'une unité territoriale, ces démarches en restent souvent à une analyse systémique des exploitations agricoles, mais sans considérer « l'environnement des exploitations » comme lui-même systémique, et en abordant fort peu, ou pas assez, les aspects historiques, le mouvement, les rapports sociaux. Elles sont par contre très « finalisées » par des objectifs de développement[3], notamment lorsqu'à l'issu d'un diagnostic de type *Rapid Rural Appraisal*, elles conduisent à la définition de recommandations techniques (Khon Kaen University, 1987).

C'est au contraire une recherche de cohérence entre l'évolution des techniques agricoles d'une part et le système économique et social d'autre part qui a conduit l'agriculture comparée sur le chemin de la conceptualisation du « système agraire ». C'est ainsi qu'à l'occasion d'une recherche entreprise dans la région des monts Dômes au début des années 1970, Raphael Larrère insista au contraire sur la

---

2. Sur l'analyse comparée de l'émergence et du développement de ces deux « familles » d'approche, FSR et recherche système en agriculture, voir l'analyse de L. Fresco (1984) de D. Pillot (1987, 1992).

3. Et ainsi assez sujettes aux « dérives » soulignées par Jean-Pierre Olivier de Sardan (1994).

dimension historique et sur l'organisation sociale qui, selon lui, sous-tendaient la notion même de système agraire, s'éloignant dès lors des approches de type *Farming System Research* en vogue à cette époque. Il définissait un système agraire comme « un ensemble organisé des relations qui s'établissent historiquement entre une structure sociale déterminée et le territoire qu'elle met en valeur », insistant alors sur la dimension historique et affirmant le principe sous-jacent que « les hommes, dès qu'ils se sont organisés socialement, ont entretenu avec la nature des rapports qui dépendent de l'organisation sociale de la production » (Larrère, 1974)[4]. Il poursuivait :

> Ce ne sont pas les « paysans » (ensemble d'individus différents et isolés les uns des autres) qui mettent en valeur, moins encore les « agriculteurs d'avenir » (sous-ensemble de paysans mieux armés que les autres), mais une formation sociale composée de différentes catégories de paysans, composée aussi d'artisans et de fournisseurs de services divers, entre lesquels s'établit une division sociale du travail. Une société dotée de ses propres lois de fonctionnement, de ses contradictions et qui peut être le théâtre de conflits entre ses composantes (*op. cit.*).

Le concept de système agraire était envisagé à l'échelle de la « formation sociale », entité d'autant plus large que tant la modernisation de l'agriculture française que l'intégration aux échanges marchands de nombreuses sociétés rurales « en développement » conduisaient à un nivellement, croyait-on, des particularismes locaux, et il trouvait là sa dimension la plus vaste.

Responsable du département d'économie et de sociologie rurale de l'Inra à partir de 1972 (avant que ne soit créé, à l'Inra, le département « Système agraire et développement », Inra-Sad) puis professeur à L'Institut national agronomique (INA) à partir de 1974, Marcel Mazoyer s'est particulièrement attaché à définir le concept de système agraire, en lui donnant une dimension plus dynamique et englobante que celles développées par ailleurs par Deffontaines et Osty (1977, *op. cit.*) ou Vissac (1979, *op. cit.*) qui restaient limitées aux interactions exploitations/environnement naturel et économique ou à celles entre le « bio-écologique » et le « socio-culturel ». Le concept est ainsi redéfini comme « un mode d'exploitation du milieu, historiquement constitué et durable, adapté aux conditions bioclimatiques d'un espace donné, et répondant aux conditions et aux besoins sociaux du moment » (Mazoyer, 1987, p. 11). Marcel Mazoyer précise :

> Le système agraire comprend comme variables essentielles : le milieu cultivé et ses transformations historiquement acquises, les instruments de production et la force de travail qui les met en œuvre, le mode d'artificialisation du milieu qui en résulte, la division sociale du travail entre agriculteurs, artisanat et industrie et par conséquent le surplus agricole et sa répartition, les rapports d'échange, les rapports de propriété et les rapports de force, enfin, l'ensemble des idées et des institutions qui permettent d'assurer la reproduction sociale... (*op. cit.*, p. 12).

---

4. Sur l'approche en termes de système agraire dans la région des Dômes, voir aussi Gilles Bazin *et al.* (1976).

Plus récemment, M. Mazoyer a redéfini le concept de système agraire comme :

> … l'expression théorique d'un type d'agriculture historiquement constitué et géographiquement localisé, composé d'un écosystème cultivé caractéristique et d'un système social productif défini, celui-ci permettant d'exploiter durablement la fertilité de l'écosystème cultivé correspondant » (Mazoyer et Roudart, 1997a, p. 46).

Ce sont précisément les interactions réciproques entre les éléments relevant d'une part de « l'écosystème cultivé » et d'autre part du « système social productif » qui confèrent à l'ensemble le caractère de système agraire.

Afin de caractériser le contenu complexe de ce concept, je dirais que le système agraire englobe en premier lieu un mode d'exploitation du milieu, c'est-à-dire un ou plusieurs écosystèmes, un mode d'exploitation caractérisé par un bagage technique correspondant (outillage, connaissances, pratiques, savoir-faire) des formes d'artificialisation du milieu historiquement constituées et le paysage qui en résulte, des relations spécifiques entre les différentes parties du ou des écosystèmes utilisés, un ou des mécanismes de reproduction de la fertilité des terres cultivées. Il comprend aussi les rapports sociaux de production et d'échange qui ont contribué à sa mise en place et à son développement (notamment les modalités d'accès aux ressources) ainsi que les conditions de répartition de la valeur ajoutée qui en résultent. Il comprend également un nombre limité de systèmes de production, les mécanismes de différenciation entre ces systèmes et leurs trajectoires respectives. Il comprend enfin les caractéristiques de la spécialisation et de la division sociale du travail au sein des filières, ainsi que les conditions économiques, sociales et politiques – en particulier le système de prix relatifs – qui fixent les modalités et conséquences de l'intégration des producteurs au marché mondial.

C'est donc l'intelligence du fonctionnement du système agraire qui est au centre de la démarche de l'agriculture comparée, le concept de système agraire étant :

> … un outil intellectuel qui permet d'appréhender la complexité de toute forme d'agriculture réelle par l'analyse méthodique de son organisation et de son fonctionnement. Ce concept permet aussi de classer les innombrables formes d'agricultures identifiables dans le passé ou observables aujourd'hui en un nombre limité de systèmes, dont chacun est caractérisé par un genre d'organisation et de fonctionnement particulier » (Mazoyer et Roudart, 1997b).

Cette démarche fut à la base de la théorie des systèmes agraires enseignée dès le début des années 1980 par Marcel Mazoyer à l'Institut national agronomique de Paris-Grignon, avant d'être finalement publiée dans son ouvrage *Histoire des agricultures du monde, du néolithique à la crise contemporaine* (*encadré 1*).

Encadré 1

**Marcel Mazoyer et la théorie des transformations historiques
et de la différenciation géographique des systèmes agraires**

Les multiples formes d'agriculture dans le monde peuvent être analysées et classées en un nombre réduit de types d'agriculture, chacun d'eux pouvant être caractérisé par un mode d'organisation et de fonctionnement qui lui est propre et par une dynamique particulière (système agraire) :

> La théorie de l'évolution des systèmes agraires est l'outil qui permet de se représenter les transformations incessantes de l'agriculture d'une région du monde comme une succession de systèmes distincts, constituant autant d'étapes d'une série historique définie [...], l'outil qui permet d'appréhender dans ses grandes lignes et d'expliquer la diversité géographique de l'agriculture à une époque donnée . [...] en expliquant méthodiquement l'organisation et le fonctionnement d'un système agraire, on conçoit une sorte d'archétype qui donne nécessairement de l'espèce d'agriculture correspondante une image cohérente et harmonieuse. Cet archétype, qui met en lumière la rationalité d'une espèce d'agriculture particulière, c'est-à-dire au fond ses raisons d'être, de s'étendre et de se perpétuer, en s'adaptant, dans l'espace et dans le temps, est nécessaire pour identifier et pour classer les formes d'agriculture observables appartenant à cette espèce, et pour reconnaître leurs particularités et leurs éventuels dysfonctionnements (Mazoyer et Roudart, 1997a, p. 46-47).

Le concept de système agraire est ainsi employé pour classer et caractériser l'agriculture d'ensembles géographiques très vastes. Il s'agit d'ailleurs le plus souvent de *famille* de systèmes agraires dont les principales sont ainsi désignées et caractérisées :

– les systèmes agraires forestiers caractérisés par un mode d'exploitation dominé par la culture sur abattis-brûlis en milieux boisés, quelques années de culture alternant avec de longues périodes de recrû arbustif puis arboré. En l'absence presque totale d'outils aratoires capables de réaliser un travail du sol profond, c'est la friche arborée de longue durée qui est seule capable d'éliminer la strate herbacée concurrente des plantes cultivées. Par ailleurs, l'élevage étant également très peu développé dans ces types d'agriculture, le milieu forestier n'y étant guère favorable, c'est aussi le recrû arboré qui permet de restaurer le potentiel de fertilité du milieu. Souvent associés à des modalités d'accès au foncier régulées au niveau du village ou du lignage, ces systèmes ont pu être durables et préserver les écosystèmes forestiers qu'ils exploitaient, tant que la densité de peuplement restait faible et que de larges pans du finage n'étaient pas consacrés à d'autres usages (plantations pérennes par exemple) ;

– les systèmes agraires hydrauliques. Archétype de ces types d'agriculture, la série évolutive des systèmes hydrauliques de la vallée du Nil illustre les différentes étapes de l'artificialisation de plus en plus poussée du milieu, depuis les premiers bassins de décrue aménagés pour les cultures d'hiver à partir du VIe millénaire jusqu'à l'érection des plus grands ouvrages permettant aujourd'hui les cultures irriguées en toutes saisons ; en passant par l'extension et l'unification progressive des bassins de décrue, leurs approvisionnements en eau de crue par de grands ouvrages d'amenée et leur protection grâce aux digues ; puis par le développement progressif de l'irrigation sous l'Antiquité (vis d'Archimède et roue à godet) au Moyen Âge (exhaure animal), puis à l'époque moderne avec les premiers grands barrages élévateurs au XIXe siècle. La question de la construction de la gestion et de l'entretien de ces infrastructures hydrauliques par une puissance publique centralisée a toujours été au cœur du fonctionnement et de la durabilité de ces systèmes ;

– le système agraire inca, système agraire de montagne composé de sous-systèmes étagés complémentaires : culture irriguée de maïs, haricot et de coton dans les oasis du désert côtier et des bas versants de la façade pacifique ; culture pluviale et irriguée de maïs, haricot, lupin et *quinua* dans les vallées inter-andines ; pommes de terre, tubercules andins et élevage de camélidés associés à plus haute altitude ; culture de maïs, haricot et manioc associé sur abattis-brûlis sur le versant amazonien de la cordillère des Andes. C'est l'unification de ces différents systèmes agraires étagés, grâce à un système de relations commerciales, d'administration centralisée et de grands travaux d'infrastructures, alimenté par le prélèvement d'un tribut en travail, qui confère au système agraire son originalité ;

– les systèmes agraires à jachère et culture attelée légère des régions tempérées. Issus dès l'Antiquité de l'association entre élevage pastoral et agriculture pluviales dans les espaces méditerranéens déjà largement déboisés, puis dans une bonne partie de l'Europe tempérée et froide, ces systèmes sont caractérisés par la différenciation (1) d'un *ager*, ensemble de parcelles travaillées à l'araire et en rotation biennale à jachère, (2) d'un *saltus* hors rotation, réservés à la pâture des troupeaux et permettant la mise en place d'un transfert latéral de fertilité au profit de l'*ager via* le parcage nocturne des troupeaux sur les jachères et (3) d'un *silva* pourvoyeur de bois et de gibier. Bien que caractérisé par des rendements en céréales de quelques quintaux par hectare seulement et un élevage encore largement limité par l'étiage fourrager hivernal, ce système apparaît comme une réponse adéquate à la crise des systèmes forestiers qui prédominaient avant ;

– les systèmes agraires à jachère et culture attelée lourde des régions tempérées froides. Ils sont caractérisés à la fois par le développement considérable des stocks fourragers hivernaux grâce à l'extension de prés de fauche mis en défens, des moyens de transport (charrettes) et de stockage des fourrages (fenil) ; l'entretien de troupeaux plus conséquents, leur confinement en étable pendant la mauvaise saison et la production de véritable fumier (litière), lui-même porté sur les parcelles de culture grâce au développement du transport attelé (tombereau) ; l'accroissement concomitant des rendements céréaliers, la généralisation de l'assolement triennal, surtout dans l'Europe océanique et du Nord ne réservant à la jachère qu'un tiers des surfaces assolées, l'utilisation d'outils de labour beaucoup plus efficaces (charrues).

– les systèmes agraires sans jachère des régions tempérées issus de la première révolution agricole des Temps modernes des XVIIIᵉ et XIXᵉ siècles. Désormais occupée par les plantes sarclées et les cultures fourragères, l'ancienne sole en jachère fournit à la fois des productions vivrières et de quoi entretenir un troupeau plus conséquent en hivers. Il en résulte une production accrue de fumier et donc une amélioration substantielle des rendements céréaliers. Mais la mise en culture de la jachère supposait un ensemble de transformations sociales préalables, notamment que soit mis fin aux assolements obligatoires et au droit de vaine pâture qui prédominaient jusqu'alors en Europe de l'Ouest ;
– les systèmes agraires moto-mécanisés, spécialisés et chimisés issus de la deuxième révolution agricole des Temps modernes. Dotés de matériel de plus en plus puissant, les systèmes de production sont désormais spécialisés dans la production d'un petit nombre de denrées issues de matériel végétal et animal sélectionnés et dont les conditions de culture et d'élevage sont de plus en plus artificialisées avec recours systématiques aux engrais de synthèse et aux produits phytosanitaires et vétérinaires. Alors que les agriculteurs n'occupent alors qu'une faible part de la population active et que la productivité de leur travail a décuplé, la division horizontale du travail (spécialisation) se double d'une spécialisation verticale du travail, les industries d'amont et d'aval se chargeant d'une part croissante des activités anciennement prises en charges, au moins en partie, par l'agriculteur lui-même.

Du concept même de système découle la notion d'équilibre et de reproductibilité, le caractère durable, dirait-on aujourd'hui. Le concept de *fertilité*[5], et l'étude des mécanismes de sa reproduction, s'avère donc central, que celle-ci soit abordée au niveau du système de culture (*infra*), à celui du système de production (*infra*) ou à celui du système agraire. Il est clair, en particulier depuis les travaux de Claude Reboul dans les années 1970 et 1980 (Reboul, 1977 ; 1989), que la fertilité est autre chose qu'un ensemble de conditions « naturelles », qu'elle est tout autant le résultat de processus économiques et sociaux et le produit d'une histoire, que le résultat d'une évolution « agronomique » *stricto sensu*[6]. C'est pourquoi la réflexion sur les modalités de reproduction de la fertilité, et d'une manière plus générale encore, sur les niveaux de biomasse des écosystèmes exploités, leurs évolutions ainsi que les transferts éventuels de biomasse entre les différentes parties constitutives de ces écosystèmes, est imprescriptible dans toute analyse en termes de système agraire.

---

5. Sébillotte (1989) a insisté à juste titre sur les dangers inhérents à l'emploi inconsidéré de ce mot pour désigner en fait des réalités différentes, ou même de simples représentations largement anthropomorphiques. Il préfère parler d'aptitude culturale, les différentes composantes de la fertilité – envisagées dans le cadre conceptuel du système de culture – s'exprimant soit à travers le rendement, soit à travers les coûts de la culture, les conditions d'application des techniques culturales et le risque inhérent à leur application (Sébillotte, 1989).

6. Symétriquement, on peut démontrer que l'érosion, la baisse de la fertilité des sols et la dégradation des écosystèmes au sens large peuvent parfois être interprétées comme étant davantage le résultat de processus économiques et sociaux que celui de mécanismes « naturels ». La fertilité, comme le capital avec qui elle se confond parfois, participe d'une accumulation différentielle et – c'est le revers de la médaille – d'une érosion non moins différentielle (Cochet, 2001).

D'une manière générale, ce sont les mécanismes de maintien et de reproduction des *conditions* d'exploitation de ces écosystèmes, à savoir notamment les modalités de maintien de la fertilité et de l'équilibre des écosystèmes exploités, mais aussi les conditions de reproduction des moyens matériels et humains de son exploitation, ainsi que la stabilité des rapports sociaux dominants, bref tout ce qui participe de ce que nous pourrions appeler *un mode de régulation*, qui fait partie intégrante du système agraire et participe de sa définition :

> C'est cette cohérence globale de détermination réciproque et de reproduction des différents éléments du système qui fonde précisément l'unité du concept de système agraire. Aussi, pour importante qu'elle soit, une analyse des interrelations entre les différents niveaux du système [...] ne suffit pas à fonder la notion de système. Il importe encore de dégager la logique fondamentale de reproduction du système pour en caractériser l'unité et le contour (Kroll, 1992, p. 12).

Pour autant cette cohérence ne signifie pas absence de contradiction interne, de différenciation, de conflit. Au contraire même, les régimes d'accumulation et les mécanismes de la différenciation, notamment celle des systèmes de production (*infra*), caractérisent le système lui-même ; la différenciation *fait* le système. Il ne suffit donc pas de s'en tenir à la définition « molle » qui qualifie le système par l'inter-dépendance liant les unités, ou les éléments qui le constituent: « Ce qui importe, c'est que le système défini dans sa généralité (ou sa pureté) implique des "dynamis-mes" en raison même des différences par lesquelles il se compose[7] ».

ÉCHELLES ET FRONTIÈRES

De la petite région agricole au pays, quelle échelle privilégier ?

L'utilisation de ce concept de système agraire n'est pas chose aisée, en particulier dans certaines situations. Se pose par exemple le problème des limites ou frontières à attribuer à un système agraire, et donc de la définition plus précise de l'espace où son application serait la plus pertinente. S'agit-il du village, de la « petite région agricole », de la région, du pays[8] ?

Le village, ou la « communauté rurale » constituent une première échelle d'observation et d'analyse où les relations existantes entre les unités de production élémentaires reflètent souvent un mode d'exploitation particulier des écosystèmes, marquent leur empreinte sur un paysage au point de pouvoir être « lues » dans ce dernier et forment un tout cohérent, historiquement constitué, socialement déterminé et durable. De nombreux exemples pourraient être cités où le concept de système agraire fut précisément utilisé à cette échelle : en Afrique de l'Ouest avec les Agro-systèmes villageois (ASV) de P. Jouve et B. Tallec (1994) ou les études de *terroirs* réalisées sous la direction des géographes Sautter et Pélissier ; dans la cordillère des Andes avec l'organisation communautaire des assolements collectifs

---

7. G. Balandier, à propos des dynamiques et systèmes sociaux (1971, p. 49).

8. Le dictionnaire franco-anglais déjà cité de L. de Bonneval témoigne du flou entretenu sur cette question (*op. cit.*, p. 172 et 175).

d'altitude et la gestion des territoires (Morlon, 1992). Dans l'ancienne agriculture européenne (antérieure aux transformations survenues après la seconde guerre mondiale), de nombreux villages auraient pu être analysés de la sorte. C'est donc bien souvent à l'échelle du finage que le paysage agraire reflète le mieux l'expression spatiale – *ce qui se voit* – du système agraire.

Mais un grand nombre de villages peuvent aussi imprimer la même marque au paysage, celui-ci présentant des caractéristiques communes et reflétant des règles communes sur un espace beaucoup plus vaste. En outre, ce qui se joue à l'échelle du finage dépend aussi d'éléments situés en dehors de celui-ci et ne peut donc pas être entièrement compris à ce niveau-là. C'est pourquoi cette échelle d'analyse est trop restreinte pour permettre la compréhension globale d'une agriculture et il me semble que le concept de système agraire appelle une aire d'application beaucoup plus vaste. Relèveraient alors du même système agraire, tous les villages et/ou communautés dont les activités impriment une marque semblable au paysage et sont organisées autour des mêmes règles et institutions. Les limites géographiques du système agraire seraient alors déterminées par l'extension territoriale de ces règles et pratiques communes (Jouve, 1988). Dans ce cas, les systèmes agraires « villageois » ne constituent donc qu'un niveau intermédiaire, mais indispensable, de compréhension des systèmes agraires, un échelon compris entre celui du système de production (l'exploitation agricole, *infra*) et celui du système agraire (la région)[9].

Le concept de système agraire peut aussi être employé pour classer et caractériser l'agriculture d'ensembles géographiques beaucoup plus vastes, comme l'a proposé Marcel Mazoyer dans sa théorie des systèmes agraires *(supra)*. Il y distingue en effet les systèmes agraires forestiers, les systèmes agraires hydrauliques de la vallée du Nil, les systèmes agraires à jachère et culture attelée légère des régions tempérées, etc., le pluriel indiquant en fait qu'il s'agit le plus souvent de *famille* de systèmes agraires (*encadré 1*).

Mais la question de l'identification et des limites des systèmes agraires reste posée, comme l'a bien souligné P. Jouve (1988). Faut-il d'ailleurs absolument trancher cette question ? Et l'espace en question serait-il seulement géographique ou tout autant social et politique ? N'est-ce pas au chercheur de déterminer, de façon souple et pragmatique, l'espace le plus propice à cette construction systémique ou plutôt, l'adaptation du concept qui permet le mieux d'appréhender l'espace étudié et celle qui « colle » le mieux à la réalité étudiée ? Rien n'empêche, d'ailleurs, de jouer l'emboîtement d'échelles et la combinaison des approches pour distinguer d'une part un système agraire « local » et qui serait pertinent à l'échelle d'une petite région à « problématique homogène »[10] (le pays d'Auge, le bocage bourbonnais, la

---

9. Avec Thierry Link, Éric Léonard et Jean Damien de Surgy, au Mexique, nous avions introduit, à ce niveau d'analyse, le concept de *sistema social de producción* (H. Cochet *et al.*, 1988). Les approches développées par certains projets et bureaux d'études intervenant en Afrique (l'Iram, par exemple) en matière de « gestion de terroir » privilégiaient aussi ce niveau d'analyse et d'intervention.

10. Ce que Ph. Jouve qualifie de « système agraire élémentaire », (1988, *op. cit.*, p. 12). C'est aussi l'échelle d'analyse privilégiée par Deffontaines : « Le système agraire local : niveau d'analyse des logiques d'utilisation et de mise en valeur du territoire, niveau où peuvent être faits des bilans techniques, économiques, écologiques de l'activité agricole, niveau où peuvent être saisis des conflits et des solidarités liées à l'exercice de cette activité agricole » (1991, p. 32).

Bresse louhanaise, etc., pour en rester au contexte français) et un système agraire englobant résultant de l'agrégation ou regroupement de plusieurs systèmes agraires locaux eux-mêmes très largement interdépendants (le Bassin parisien, les plateaux du Barrois, la Bresse, le Centre ?).

C'est aussi la démarche proposée par Marielle Pépin-Lehalleur et Gilles Sautter au Mexique :

> L'idée de systèmes agraires élémentaires met en jeu, fondamentalement, l'association dans chacun des cas d'un certain nombre de composantes, qui ne soient pas simplement juxtaposées mais plus ou moins complètement interdépendantes. Elle suppose d'autre part [...] un certain degré de cohésion spatiale entre les unités fonctionnelles – villages ou communautés, entreprises agricoles ou familles-exploitations – qui participent d'un même système agraire (1988, p. 22).

Dans l'esprit de ces auteurs, le système agraire régional est « un niveau supérieur d'interaction systémique qui viendrait en quelque sorte coiffer les différents systèmes agraires élémentaires, plus ou moins nettement localisés » (*op. cit.*).

L'Afrique des hautes terres du Rwanda et du Burundi fournit un autre exemple où le concept de système agraire peut être efficace et pertinent pour comprendre et caractériser l'agriculture de cette région du monde, cette dernière relevant bien du même « système agraire » ; cela n'empêche nullement de distinguer, à une échelle plus fine, différents systèmes agraires, parfois même assez contrastés, nonobstant un certain nombre de règles et caractéristiques communes (Cochet, 2001).

Par ailleurs, l'agriculture comparée permet d'une part, et à des fins cognitives, de classer et ordonner la diversité en un nombre restreint de « types » c'est-à-dire, de systèmes agraires comme le propose la théorie des systèmes agraires de Marcel Mazoyer (*encadré 1*), et d'autre part, ne pas trop restreindre cette diversité, en particulier lorsque le chercheur, engagé dans une recherche finalisée, doit produire des résultats pour identifier, formuler et mettre en œuvre dans des délais raisonnables des projets ou programmes de développement adaptés à chaque situation.

Éclatement spatial, télescopage temporel

Une autre difficulté surgit lorsque certains types d'agriculture apparaissent de plus en plus difficiles à délimiter dans l'espace, par exemple lorsqu'une partie importante de la force de travail se livre à des migrations saisonnières ou même pluriannuelles à longue distance. Le cas des migrants originaires de la vallée du fleuve Sénégal et installés dans l'Est parisien, celui des familles paysannes mexicaines dont, depuis déjà plusieurs décennies, un ou plusieurs membres vont et viennent, ou sont installés à demeure, en Californie, celui, plus récent, de vastes régions équatoriennes largement vidées de leurs forces vives au profit de l'agriculture irriguée espagnole, illustrent cette situation. Mais le fait qu'une partie importante de la force de travail soit absente une partie de l'année, celui que le tiers, la moitié ou davantage du revenu des ménages provienne de transferts en provenance de l'étranger, l'évidence, plus générale, que les systèmes agraires ne sauraient fonctionner en vase clos mais demeurent toujours des systèmes ouverts, ne remet pas en cause la pertinence de l'approche en termes de systèmes agraires, les éléments cités ci-dessus révélant souvent la crise du système agraire tout en participant alors fortement à sa recomposition sous un autre visage.

Une certaine « accélération » de l'histoire dans les cinquante dernières années (révolution agricole contemporaine au Nord, intégration brutale aux échanges marchands de nombreuses sociétés agraires dans les pays du Sud…) a aussi rendu plus délicate l'utilisation du concept de système agraire. Il est en effet plus facile d'analyser une situation relativement « stable » et de *construire* ainsi le système agraire, c'est-à-dire la représentation systémique qui permet d'appréhender de façon globale cette agriculture, que de se livrer au même exercice lorsque tout bouge si vite que les différents éléments du système ainsi que leurs interactions réciproques, à peine établis, se transforment à nouveau. Qu'il s'agisse des campagnes françaises où la mise en place de systèmes de production de plus en plus « performants » et la restructuration massive qui l'accompagne et la rend possible, ou qu'il s'agisse de la mise en concurrence brutale des paysanneries du Sud et de ses conséquences, il est souvent plus aisé de reconstituer le système agraire « ancien » et de démonter les mécanismes de sa déstructuration et de sa transformation que de caractériser claire-ment le système agraire actuel ou à venir. Le concept de *système agraire* serait-il plus facile d'accès à l'échelle du temps long de l'histoire, et pour en poser les principaux jalons, qu'à celle des transformations accélérées de l'agriculture contemporaine ?

Des difficultés du même ordre surgissent lorsqu'il s'agit de comprendre et d'anticiper les dynamiques agraires en front pionnier. On ne peut pas étudier une dynamique de front de colonisation comme s'il s'agissait d'un système agraire clairement circonscrit dans l'espace (dans ses limites géographiques au-delà desquelles on basculerait dans un autre système agraire) et dans le temps (un espace de temps, calé dans une périodisation où l'on verrait clairement se succéder différents systèmes agraires). Les gens, leur bagage technique et leurs pratiques avancent au rythme de l'avancé du front de colonisation en même temps que ces pratiques se transforment, évoluent, et s'adaptent aux conditions changeantes du milieu tant « naturel » qu'humain, économique et social. Il ne s'agit donc pas d'une dynamique d'expansion (dans l'espace) *à l'identique* d'un système agraire, car les pratiques agricoles autant que les relations sociales évoluent *en arrière* du front, tant sous la poussée d'une densité démographique croissante et de la division du foncier que par rapport justement aux perspectives d'évolution et de déplacement toujours permises à certains, tant que le front reste actif. Il ne s'agit pas non plus d'une dynamique strictement temporelle où l'on verrait se succéder différents systèmes agraires sur un territoire donné (un espace), car les processus évolutifs à un endroit donné sont aussi largement déterminés par ce qui se passe en arrière du front et au-delà du front.

Ces situations, elles aussi très fréquentes au cours de ces cinquante dernières années, appellent une certaine adaptation des outils ou concepts utilisés. C'est alors le *processus* qu'il faut analyser dans toutes ses composantes spatio-temporelles et qu'il faut comprendre. La problématique du passage du système agraire forestier des marges du bassin amazonien, en Bolivie, au Pérou ou en Équateur, à un ou des systèmes agraires post-forestiers impliquant notamment d'importants mouvements migratoires, ne peut être analysée que dans ce cadre. Dans un tout autre contexte, les systèmes agraires de la Côte d'Ivoire « ex-forestière » ne peuvent pas être appréhendés sans les resituer dans le cadre élargi du font pionnier cacao/café qui balaye toute la moitié sud du pays dans les cinquante dernières années. Chaque espace, chaque période, ne se comprend que comme partie d'un ensemble, d'une dynamique, et c'est cette dynamique interne qui permet de caractériser *in fine* le système agraire *en mouvement* (*encadré 2*).

Encadré 2

**Un système agraire en mouvement : les fronts pionniers
de l'élevage extensif au Mexique, sur fond de métayage d'élevage**
(d'après Cochet, Léonard, Tallet, 2010)

Les régions tropicales humides de basse altitude du Mexique, notamment la façade atlantique du pays, mieux arrosée et plus propice à la croissance de l'herbe, ont connu un développement de l'élevage bovin viande spectaculaire dans la deuxième moitié du XXe siècle, activité maîtresse d'un véritable front pionnier au détriment des grands massifs forestiers qui prédominaient auparavant. Bien que ce mouvement se soit déroulé sur près d'un demi-siècle et ait concerné de vastes régions, il est caractérisé par une remarquable continuité d'une part d'un mode d'exploitation du milieu extensif basé sur l'embouche à l'herbe et limitant les investissements à peu de chose, et d'autre part des pratiques sociales associées, basées sur le métayage d'élevage ou bail à cheptel et assurant sa diffusion socio-spatiale.

Ce mouvement général de développement de l'élevage bovin-viande a surtout lieu, dans un premier temps, au cours des décennies de 1940 à 1960, dans toutes les régions du tropique (sec et humide) encore peu concernées par la réforme agraire. Pendant toute cette période durant laquelle élevage bovin-viande rime avec grande propriété, l'extension parallèle des contrats à part de fruits met toujours en scène, comme c'était le cas dans le Mexique prérévolutionnaire, d'une part, le grand propriétaire foncier en situation de monopole, et de l'autre, la petite paysannerie, souvent migrante et dépourvue de moyens de production. La force de travail présente sur les domaines d'élevage est ainsi souvent constituée de paysans défricheurs, chargés d'accroître les surfaces fourragères. Contre le droit qui leur est concédé de réaliser un ou deux cycles de cultures vivrières (maïs, haricot) sur abattis-brûlis, ils doivent prendre en charge le semis des graminées fourragères sur la même parcelle, pour restituer quelques mois plus tard la prairie au propriétaire ainsi, le plus souvent, que les résidus de cultures (cannes et feuilles de maïs). Malgré la diversité des arrangements possibles, les métayers producteurs de maïs deviennent des semeurs d'herbe au service des grands propriétaires et doivent déplacer parcelle de culture et parfois maison d'habitation au rythme de la progression des pâtures sur le front pionnier en direction du sud-est.

Dans les années 1960 et 1970, les outils législatifs de la réforme agraire (la procédure de dotation foncière) sont de plus en plus utilisés à des fins de colonisation. Environ 32 millions d'hectares sont ainsi distribués pour la seule décennie des années 1960 à plus de 500 000 bénéficiaires, dont une grande partie sous forme de parcelles *ejidales*[11] d'une vingtaine d'hectares dans les zones de forêt tropicale. L'avantage comparatif des régions tropicales humides en matière de production fourragère, ainsi que l'évolution favorable du prix relatif de la viande bovine, notamment par rapport au maïs et à ses formes transformées (porcs), faisaient de l'élevage bovin-viande à l'herbe une activité attractive y compris pour les petits tenanciers nouvellement dotés.

C'est pourquoi une véritable spécialisation dans l'élevage bovin-viande s'est imposée dans la plupart des régions du tropique mexicain, en particulier parmi les bénéficiaires de la réforme agraire, pourtant détenteurs d'une exploitation agricole de taille modeste et qui aurait pu justifier, dans un autre contexte politique, la mise en œuvre de systèmes de production plus intensifs en travail et dégageant davantage de valeur ajoutée par hectare (plantations pérennes, par exemple).

Alors que la mise en valeur de la dotation foncière commence nécessairement par la mise en place de cultures vivrières (maïs, haricot) après abattis brûlis au rythme de un ou deux hectares par an (surface à la fois limitée par les outils manuels dont disposent les migrants et par les difficultés d'écoulement d'un éventuel surplus), les surfaces ainsi déboisées sont peu à peu ensemencées en graminées fourragères, puis clôturées, contribuant peu à peu à l'amélioration du fond.

Trop faiblement dotés en moyens de production et sans accès au crédit, la majorité des bénéficiaires des programmes de colonisation ne pouvait pas démarrer un atelier d'élevage, faute de capital. Ils n'ont pas eu d'autre choix que de se tourner vers les grands éleveurs qui les avaient précédés pour obtenir les quelques têtes de bétail indispensables au démarrage de leur nouvelle activité, contre paiement de la moitié du produit au propriétaire du bétail : un nouveau rapport social était né, le bail à cheptel ou métayage d'élevage.

C'est ainsi que la réforme agraire vient créer les conditions d'une inversion spectaculaire de ce rapport social. Massivement relancée à des fins de colonisation agricole, elle permet à des centaines de milliers de paysans de devenir détenteurs d'un droit foncier pérenne et sécurisé en situation de front pionnier. Mais à défaut d'élargir l'accès aux autres facteurs de production, notamment le capital fixe et circulant, la réforme agraire conduit au foisonnement de contrats agraires où le détenteur du foncier – le bailleur – voit son rôle limité à la production de fourrage et se retrouve en situation de dépendance vis-à-vis du « preneur » capable de fournir le capital nécessaire au processus de production.

Ces contrats incluaient par exemple la fourniture de fil de fer barbelé et celle de taurillons de 16 à 18 mois (soit 200 kg de poids vif environ), à raison d'une tête par hectare et pour un cycle d'embouche de 18 à 24 mois. Ils comprenaient éventuellement les produits vétérinaires indispensables aux activités d'embouche, ainsi que, plus rarement, certaines avances en numéraire. Une fois que les animaux avaient atteint un poids vif de 450 à 500 kg, le commanditaire décidait du moment de leur vente, en fonction de la situation du marché et de ses propres contraintes économiques. Le gain monétaire correspondant à la prise de poids des animaux était alors partagé entre les deux parties, une fois déduites les avances en intrants et numéraire effectuées par le

---

11. Parcelles *ejidales* désigne, au Mexique, une dotation foncière attribuée à un groupe de paysans dans le cadre de la réforme agraire.

propriétaire du bétail. Le métayer assumait l'ensemble des coûts de production et d'entretien des pâturages (fauche des refus, réparation des clôtures), ainsi que les éventuelles pertes d'animaux (mortalité). En cas de non renouvellement du contrat, le commanditaire récupérait de surcroît le capital fixe (fil de fer barbelé) qu'il avait investi sur l'exploitation de son métayer.

Ces baux à cheptel ont été dominants sur la façade atlantique dont l'approvisionnement en animaux maigres était assuré par les régions tropicales plus sèches de la façade pacifique. Ils correspondent globalement à la phase pionnière d'ouverture de nouveaux espaces productifs. Mais avec le temps, des contrats naisseurs sont également proposés aux petits tenanciers dans les quelques régions du sud-est mexicain moins favorables à l'embouche à l'herbe, dans les régions « stabilisées » en arrière du front, voire même, plus tardivement, sur le front même de colonisation agricole.

Les petits producteurs ont alors été sollicités par des éleveurs pour assurer leur approvisionnement en animaux maigres, alors que ceux-ci spécialisaient leur propre exploitation dans l'embouche. Les arrangements correspondants incluaient cette fois le placement de génisses, ainsi que d'un taureau reproducteur, et prévoyaient la répartition des animaux nés entre les deux parties, l'éleveur engraisseur prélevant en priorité les mâles et laissant les femelles à son métayer. Ce type d'arrangement était recherché par les petits producteurs de fourrages, dès lors qu'il leur fournissait un accès à des reproductrices pouvant leur assurer à terme une autonomie productive plus rapide que dans le cas du métayage d'embouche.

Mais la lenteur du processus de constitution d'un troupeau en propre de la part du métayer a garanti aux grands opérateurs de l'élevage une stabilité des surfaces sur lesquelles ils pouvaient développer leurs activités, dès lors que la saturation graduelle de l'espace pastoral était compensée par la progression de la frontière agraire et l'installation des nouvelles générations de paysans. Tandis qu'en arrière du front pionnier, le processus d'accumulation permettait, sur un pas de temps au moins égal à la formation d'une nouvelle génération, aux bénéficiaires de la réforme agraire de devenir autonome après la constitution d'un petit troupeau de 15 ou 20 vaches-mères, l'avancée de la frontière agraire a ouvert aux grands éleveurs de nouveaux espaces sur lesquels ils pouvaient élargir autant que de besoin leurs réseaux clientélistes. Le déplacement du front de colonisation pendant quarante ans a ainsi fourni les bases de la reconduction à l'identique des systèmes techniques et des rapports sociaux sur lesquels reposait la prospérité des grands éleveurs privés.

Le métayage d'élevage a ainsi été à la fois au cœur du régime d'accumulation caractéristique de la frontière agricole autant qu'il en a constitué le principal mode de régulation. Par la généralisation de ces baux à cheptel, le rapport au foncier devient un élément secondaire de la négociation en même temps que s'affaiblit la position de son détenteur, tandis que la maîtrise du capital assoit l'hégémonie du propriétaire du cheptel et en fait le centre de décision du système d'élevage mis en place. Ce nouveau « tenancier », éventuellement dépourvu de toute propriété foncière, mais capable de fournir la quasi totalité du capital (fixe, circulant, social…) nécessaire au fonctionnement du système de production, prend la place du grand propriétaire d'antan dans les rapports sociaux et de pouvoirs au niveau local et régional.

En fait, les systèmes agraires sont *toujours* en mouvement. Leur *structure* et leur *fonctionnement* nécessitent, pour être appréhendés et compris, d'être capables de définir un « état » du système, à un moment donné de son histoire, c'est-à-dire de « l'imaginer » stable, le temps d'entrevoir les interactions et mécanismes fondamentaux qui le caractérisent, étape imprescriptible pour percevoir et interpréter le *mouvement*, pour déceler les conditions de sa durabilité, ou au contraire les causes de sa crise prochaine.

Le système agraire dépasse et englobe la sphère de la production primaire

La spécialisation croissante des agriculteurs dans le seul segment de la production primaire, l'importance accrue des secteurs amont et aval dans la fourniture des moyens de production et dans la transformation des produits, l'éloignement producteurs/consommateurs, l'urbanisation, les migrations nationales et internationales, ont pu faire apparaître aux yeux de certains le concept de système agraire moins opérant parce que les sociétés (même *rurales*) étaient de moins en moins « agricolo-agricoles ».

En Europe de l'Ouest, la révolution agricole contemporaine s'est notamment manifestée par l'externalisation d'une multitude de tâches anciennement réalisées par les agriculteurs eux-mêmes : activités d'autofourniture des moyens de production, première transformation à la ferme, transport et commercialisation des produits. La spécialisation des agriculteurs et leur cantonnement dans la production de matière première (ne parle-t-on pas de « gisement » pour désigner cette production primaire dans le secteur de l'industrie de la viande en France ?) ainsi que l'abandon forcé de toutes les activités de production d'outils et d'intrants sont allés de pair avec le développement des secteurs industriels amont (machinisme et équipement divers, industrie chimique, bio-technologie) et aval (agro-alimentaire, emballage, etc.) et du secteur des transports.

Cette évolution a donc amputé le secteur agricole d'une multitude de fonctions et tâches anciennement réalisées par les agriculteurs ou leurs voisins immédiats artisans. Mais les modalités de la division de travail tout au long de ce processus de production de nourriture, depuis la production de moyens de production utilisés par les agriculteurs jusqu'à l'assiette des consommateurs participent de la caractérisation du « système agraire ». Cette nouvelle division du travail et les nouvelles filières qui en ont émergé constituent donc autant d'éléments *constitutifs* des systèmes agraires issus de cette révolution agricole. L'application de ce concept ne peut donc en aucune manière être limitée à la sphère de la production primaire non transformée.

L'économie des filières agro-alimentaires, l'approche filière, a connu un développement spectaculaire ces dernières décennies et a largement démontré à quel point la production pouvait être « pilotée par le marché[12] ». Les producteurs du monde

---

12. À propos de l'approche filière et de ses développements récents, nous renvoyons le lecteur à l'excellente synthèse rédigée à propos de la filière coton en Afrique par Philippe Hugon, dans le cadre du colloque organisé en 1992 sur « Économie institutionnelle et agriculture ».

entier sont aujourd'hui condamnés à avoir les yeux rivés sur les « normes de qualité » (correspondant le plus souvent à une standardisation des produits et à la régularité de leur flux, mais aussi à des normes sanitaires et phytosanitaires (SPS), critères de qualité ou d'origine, etc.) s'ils espèrent placer leur production sur le marché mondial dans des conditions convenables. Si la production de chaque agriculteur ou de chaque région du monde est *en partie* pilotée par le marché et de plus en plus souvent « contractualisée », elle est aussi (mais n'est-ce pas dire la même chose d'une autre façon ?) mise en *concurrence* sur un marché de plus en plus unifié. Les conditions de cette mise en concurrence, et les avantages comparatifs *réels* dont peuvent jouir telle ou telle production dans une région ou un pays donné, sont à étudier avec soin. La mesure de cet avantage comparatif doit tenir compte des coûts d'opportunité attribués par le producteur et sa famille aux différents moyens de production en jeu et du minimum de revenu supportable dans les conditions socio-économiques du moment et du lieu.

Tout en accordant la plus grande importance à ces déterminants et en prenant le plus grand soin à en repérer la genèse et le développement, l'approche économique en agriculture comparée reste pourtant centrée sur le processus de production lui-même et dans un cadre d'analyse qui se veut systémique, notamment à l'échelle du système de production (cf. chap. 10). À cette échelle en effet, et pour la très grande majorité des produits agricoles échangés dans le monde, les filières restent entremêlées et interdépendantes à leur sommet ou point de départ, à savoir au niveau du nœud de la production, tout simplement parce que la spécialisation totale des agriculteurs dans une seule production est finalement assez rare. Le temps et les moyens de production consacrés aux cultures d'exportation (café, cacao, arachide, coton, par exemple) dépendent étroitement du coût d'opportunité de ces mêmes facteurs, lorsqu'ils sont consacrés à chacune de ces cultures et/ou aux cultures vivrières. Et la mesure de ces coûts respectifs, qui commandent en grande partie l'accent mis par les agriculteurs sur telle ou telle production, ne peut être conduite qu'à ce niveau d'analyse et en termes systémiques. On pourrait dire la même chose pour une grande partie des producteurs européens, rarement engagés dans une monoproduction exclusive, ou très soucieux de s'en sortir lorsque c'est le cas.

D'une façon plus générale, il est clair que l'accroissement sans précédent des échanges marchands à longues distances, échanges dont la mondialisation contemporaine n'est que le prolongement et l'achèvement, rend les systèmes agraires plus ouverts que jamais. Certaines des conditions de leur reproduction sont à rechercher parfois bien loin de leur espace géographique d'expression. Jean-Christophe Kroll a fort bien décrit cette situation :

> Dès lors que les sphères d'activités non agricoles deviennent dominantes, dès lors que les rapports de production et de distribution qui y prévalent tendent à structurer la société dans son ensemble, la logique de reproduction des conditions de l'activité agricole relève de déterminations de plus en plus externes aux systèmes agraires proprement dits… Dès lors, les marchés à longue distance jouent un rôle de médiation toujours plus important entre la production et la consommation des biens alimentaires, au point qu'il n'existe plus aucune cohérence immédiatement

perceptible aujourd'hui entre la dynamique d'évolution des capacités de production des systèmes agraires de par le monde, et les besoins alimentaires à satisfaire… De la même façon, l'utilisation croissante par l'agriculture de moyens de production achetés hors de la branche estompe toute cohérence directement perceptible sur les lieux de la production entre les conditions de reproduction des rapports sociaux de production, comme des écosystèmes cultivés, tant apparaissent parfois complexes et confuses les médiations multiples opérées par les marchés (*op. cit.*, p. 13).

Pour intégrer dans une même analyse, conduite également en termes de système, l'ensemble des entreprises impliquées dans la production alimentaire, on a parlé de « système alimentaire » (ou *Agro-Food System*) pour décrire à la fois l'ensemble du processus de production (agro-fourniture compris), transformation, mise en marché, et distribution de la nourriture, incluant donc *de facto* le ou les modes de consommation associés. Dans le cas français, cet ensemble comprenait près de 1,2 million d'entreprises en 1995, agriculteurs compris (Rastoin, 1996), un secteur d'activités étudié comme on aurait pu étudier le « secteur automobile » ou tout autre secteur. Mais le processus général de standardisation des *process* et d'unification des marchés à l'échelle mondiale a conduit le même auteur à parler de « modèle alimentaire agro-industriel tertiarisé » (2008). Piloté par les marchés et largement dominé par un nombre restreint de très grandes firmes intervenant notamment en amont (matériel agricole, semences, produits phytosanitaires et engrais) et dans le secteur de la grande distribution, le système alimentaire agro-industriel tertiarisé viendrait en quelque sorte chapeauter l'ensemble des systèmes agraires mondiaux en drainant la plus grande part de la matière première – le gisement – produite à leur niveau. Ce concept – et cette échelle d'analyse – présente l'intérêt de mettre en cohérence les mécanismes à l'œuvre d'un bout à l'autre de la chaîne agro-alimentaire et de souligner l'interdépendance croissante de ces différents éléments. Pour autant, l'analyse concrète des processus de production agricoles en tant que tel et leur ancrage territorial, à une échelle nécessairement plus restreinte, permet à la fois d'identifier les conditions et mécanismes de cette mise en concurrence généralisée des producteurs et de mesurer l'impact du système alimentaire mondial sur ces mêmes producteurs et leurs territoires. Par ailleurs, la recherche récente de filières dites « de proximité », le développement d'ateliers de transformation visant à créer davantage de valeur ajoutée localement ou le renforcement des filières ayant pu jouer un rôle dans la structuration des territoires (notamment certaines AOC en France), témoignent d'une certaine volonté de voir émerger (ou seulement perdurer ?) des systèmes agro-alimentaires plus autonomes vis-à-vis des marchés mondiaux[13]. L'expression ambiguë de « filière territorialisée », parfois introduite dans les discussions portant sur le développement territorial en France[14] témoigne aussi de cet intérêt.

---

13. Voir à ce propos le concept de « système agro-alimentaire localisé » et le colloque organisé sur cette question en 2002 à l'initiative de l'UMR « Innovation » de l'Inra, du Cirad, du CNEARC et des universités de Montpellier I et Versailles-St-Quentin.

14. Par exemple à l'époque où furent proposés aux agriculteurs, par le ministère de l'Agriculture et de la Pêche, les Contrats territoriaux d'exploitation (CTE) pour la période 2000-2005.

SYSTÈME DE PRODUCTION, SYSTÈME DE CULTURE ET SYSTÈME D'ÉLEVAGE

L'étude en termes de système agraire nécessite aussi de recourir à des concepts dont l'efficacité et la pertinence se mesurent à d'autres échelles d'analyse, en particulier celles de l'unité de production d'une part, de la parcelle cultivée ou du troupeau, d'autre part.

Le concept de système de production

On peut dire que ce concept fait son entrée en force dans le champ de l'économie agricole dans les années 1970 et 1980. Plutôt que de se livrer à une revue, nécessairement fastidieuse, des différentes définitions qui furent proposées au terme de « système de production » appliqué à l'agriculture ou à son équivalent anglo-saxon de *farming systems*[15], on se contentera ici de rappeler ce qui me paraît essentiel dans ce concept, avant d'insister sur l'usage qui en est fait en agriculture comparée.

En premier lieu, l'échelle d'analyse à laquelle l'application du concept de système de production est pertinente est généralement celle de « l'exploitation agricole » ou « unité de production élémentaire ». En France et dans de très nombreuses régions du monde, cette unité est le plus souvent centrée sur la famille de l'exploitant, mais le concept de système de production pourra tout aussi bien être mis en œuvre dans le cas d'unité de production beaucoup plus vaste de type « entreprise agricole », quoique certaines difficultés puissent alors apparaître comme nous le verrons plus loin. Cette échelle d'analyse est, on s'en doute, tout à fait primordiale, tant il est vrai que ce sont bien les unités de production, les exploitations agricoles, qui constituent les mailles élémentaires du tissu rural, le niveau d'organisation du processus productif en agriculture, celui où se croisent et s'entremêlent les filières de production ; également mailles élémentaires entre lesquelles se nouent les relations de voisinage, les solidarités, les contradictions, les conflits, les mécanismes de différenciation… Niveau d'analyse d'autant plus important que c'est souvent à ce niveau que s'établit le premier « contact » de l'enquête du chercheur avec le terrain.

Rappelons ensuite que, si un système de production est bien constitué d'un ensemble d'éléments en interactions réciproques, trois idées simples lui sont nécessairement associées : d'abord, ce « tout » fonctionne, ses rouages lui permettent de rouler et en l'occurrence, de produire ; ensuite, il y a l'idée de cohérence interne, il ne s'agit pas de juxtaposition d'éléments au hasard ; enfin, un système est doté d'une certaine stabilité ou « reproductibilité » ou alors son changement d'état le transforme en un autre système, lui-même plus ou moins durable que celui auquel il succède.

La publication, en 1978, de l'article de Pierre-Louis Osty, *L'exploitation agricole vue comme un système*, marque incontestablement un tournant dans l'approche de l'exploitation agricole et sera suivi d'un grand nombre de travaux où cette nouvelle vision des choses doit permettre de mieux comprendre les « pratiques » et les

---

15. Voir à ce propos : L. Fresco (1984, *op. cit.*), J. Brossier (1987) et D. Pillot (1987, *op. cit.*).

« choix » de l'agriculteur, et ainsi d'adapter le conseil agricole. L'exploitation de Monsieur X sera ainsi analysée d'une manière globale et en cherchant à faire ressortir les multiples relations existantes entre les différents ateliers qui y sont développés, la composition de la famille, les parcelles disponibles et les machines dont elle dispose…, et étudiée comme si elle formait système. Cette analyse autorise la formulation de conseils personnalisés. L'application du concept de système de production à une exploitation (plutôt qu'à un groupe d'exploitation) en vue d'un conseil individuel était déjà la conception développée anciennement par Chombart de Lauwe et Poitevin dans une optique de gestion (1957).

Pour autant, et bien que le concept puisse effectivement être « appliqué » à une exploitation en particulier et contribuer à la compréhension de son fonctionnement, son application « individuelle » conduit à atteindre rapidement ses limites. Une telle démarche ne prendra corps, en tant qu'analyse en termes de système de production, que lorsque de tels entretiens et visites d'exploitation, astucieusement choisis, seront répétés en nombre suffisant pour autoriser l'élaboration d'une véritable *typologie* des exploitations agricoles en présence, chaque type étant alors représenté et expliqué par un, et un seul, *système de production*. La réalité est dispersée et la nécessité de classer pour mieux comprendre impose donc le regroupement en types (ou groupes) d'exploitations. Les exploitations d'un type se révélant assez semblables, tant dans leurs structures, dans leurs pratiques que dans leur fonctionnement, elles pourront être analysées et caractérisées par *un* système de production, le système étant alors la représentation modélisée du type d'exploitations agricoles considéré. Le concept sera donc appliqué à un ensemble d'exploitations qui possèdent la même gamme de ressources (même gamme de superficie, même niveau d'équipement, même taille de l'équipe de travail), placées dans des conditions socio-économiques comparables et qui pratiquent une même combinaison de productions, bref un ensemble d'exploitations pouvant être représenté par un même *modèle* (Cochet et Devienne, 2006).

L'exploitation agricole en tant que telle cesse alors d'être objet de modélisation, ne constitue pas en tant que telle un système de production, pas plus que le système de production n'a vocation à expliquer le fonctionnement d'une exploitation agricole, et donc les choix, d'un agriculteur en particulier. C'est pourquoi une telle démarche ne peut ni ne doit aboutir, à notre avis, à un conseil individuel et personnalisé. Dans cette optique-là, un système de production est donc une construction intellectuelle, c'est-à-dire un *modèle*, utile pour tenter de comprendre l'origine, le fonctionnement et les perspectives d'avenir d'un *type* particulier d'exploitations agricoles, au sein d'un système agraire donné. L'enjeu est donc de comprendre la dynamique d'un système agraire, l'évolution des *systèmes de production* qui le composent ainsi que leur devenir.

Dans leur quête des systèmes de production, économistes et agro-économistes ont été confrontés à de grandes difficultés pour repérer l'identité et les frontières de l'unité de production dans le cadre des sociétés rurales en Afrique sub-saharienne tant l'enchâssement du processus de production dans l'unité de résidence, l'unité d'accumulation et l'unité de consommation était chose complexe (Gastellu, 1979 ;

Colin et Loche, 1994 ; Chia, Dugué et Sakho-Jimbira, 2006). Plus récemment, le développement contemporain de nouvelles formes institutionnelles d'agriculture pour lesquelles travail et capital sont de plus en plus dissociés pose le même type de problème à celui qui cherche à appréhender le processus de production. Quels sont les contours de l'unité de production ou des différentes unités de production en présence lorsque deux agriculteurs français mettent en commun leur troupeau laitier, mais seulement leur troupeau, et une partie de leur capital (dans la construction d'une stabulation de plus grande taille et mise aux normes) pour constituer une « société laitière », tout en conduisant les autres ateliers d'élevage et toutes les cultures individuellement (Cochet, 2008a) ? De la même façon, où sont positionnés les centres de gravité respectifs et les frontières des différentes unités de productions repérables dans le cas de sociétés de production agricoles intervenant chez un grand nombre de petits propriétaires-exploitants de moins en moins exploitants et de plus en plus propriétaires-ouvriers ?

L'identification des contours de l'unité de production et donc du périmètre sur lequel le concept de système de production prend sens, rencontre donc parfois quelques difficultés, tout comme l'identification des frontières d'un système agraire dont certains éléments seraient fort éloignés géographiquement (*supra*). L'étude du processus de production en tant que tel, et donc l'usage du concept de système de production s'en trouvent entravés. Mais quelle que soit cette déconnection ancienne ou récente entre unité familiale et unité d'exploitation et quelles que soient les origines diverses de la force de travail, de la terre et du capital (le centre de gravité du processus reposant de moins en moins sur la famille), il n'en reste pas moins que la réunion de ces facteurs de production en vue de permettre un procès de production, forme toujours système, du moins doit-on en faire l'hypothèse pour les besoins de compréhension des processus.

Des choix techniques enchâssés dans des rapports sociaux

La différenciation des systèmes de production au sein d'une même région, et au-delà, les inégalités de développement constatées entre régions ou pays, résultent pour une très large part de conditions inégales d'accès aux ressources. C'est pourquoi, pour identifier et caractériser les systèmes de production existants au sein d'un système agraire, il est souvent indispensable d'examiner à la loupe les conditions d'accès aux ressources productives dans lesquelles se trouvent placées chaque catégorie de producteurs : le foncier agricole, l'eau d'irrigation, les moyens de production et la force de travail, mais aussi les conditions d'accès au marché et à l'information. Il est en effet très fréquent que ces conditions d'accès contribuent de façon significative à éclairer les choix des agriculteurs et donc à expliquer certains aspects de la combinaison productive mise en œuvre. Le cas des agriculteurs soumis au métayage, c'est-à-dire contraints de verser la moitié de la récolte au propriétaire foncier en échange de l'accès à la terre et à une partie des moyens de production, a donné lieu à une abondante littérature et à de vifs débats, notamment en France, sur ses conséquences en matière d'investissement et de progrès technique.

Dans de nombreuses régions ex-forestières de l'Amérique intertropicale gagnées par les fronts pionniers de l'élevage extensif (*encadré 2*), le raisonnement agronomique est heurté par l'association, très fréquente, d'une culture vivrière, par exemple le maïs, à une graminée fourragère, association culturale aberrante tant est forte la concurrence entre les deux espèces et incompréhensible aussi longtemps que le chercheur ignore les rapports sociaux (une sorte de métayage) auxquels sont soumis les agriculteurs défricheurs et l'obligation qui leur est faite d'installer une prairie temporaire pour l'éleveur qui leur succédera l'année suivante (Cochet, 1993).

Les modalités d'accès aux ressources foncières dans le monde sont d'une grande diversité (droits de passage, droit de collecte, droit d'usage concédé à titre gratuit, location verbale, bail, accès collectif, propriété privée) et ne se résument pas à la simple dichotomie public/privé[16]. La pluralité de ces modalités d'accès, autant que la superposition éventuelle de différents types de droits sur le même espace, n'est donc pas sans influencer, on l'aura compris, les systèmes de production mis en œuvre par telle ou telle catégorie de producteurs, autant qu'elle impacte parfois considérablement la répartition de la valeur ajoutée et donc le revenu obtenu (*infra*). Leur compréhension est donc un passage obligé de l'étude des systèmes de production. Il en est de même des conditions d'accès aux ressources collectives (terres communes notamment et bien sûr accès à l'eau d'irrigation) et des modalités de régulation (actions collectives et arrangements institutionnels) qui y sont souvent associées[17]. Dans les Andes équatoriennes, par exemple, l'histoire agraire – et les luttes politiques contemporaines – sont dominées par les conflits liés à l'eau d'irrigation, les communautés indiennes dépossédées de cette ressource par les grands propriétaires n'ayant cessé, depuis lors, de tenter par tous les moyens de recouvrer leurs droits (Gasselin, 2000). Comment appréhender la logique de fonctionnement des exploitations agricoles et leurs trajectoires évolutives, sans pénétrer les relations de pouvoir et de domination, parfois internes aux communautés paysannes elles-mêmes, qui restreignent à ce point le champ des possibles ?

De nombreux exemples pourraient aussi illustrer en quoi les chemins d'accès au capital, et donc les rapports sociaux dans lesquels sont impliqués les agriculteurs, conditionnent pour une large part les choix techniques effectués. Les difficultés d'accès au capital rencontrées par les agriculteurs de par le monde et la raréfaction du crédit qui leur est accordé, notamment aux plus modestes d'entre eux, ont conduit à l'émergence, dans de très nombreuses régions du monde, d'une nouvelle figure du métayage. Il s'agit de rapports de métayage « inversés » (*reverse tenancy*) : rapports contractuels à part de fruit, tout comme l'est le métayage classique, mais pour lequel

---

16. L'Afrique sub-saharienne fournit un grand nombre d'exemples d'accès pluriel aux ressources et de superposition éventuelle de différents types de droits sur le même espace. Sur ce thème et sur l'importance d'une prise en compte de ces questions dans les projets de développement, voir en particulier Le Roy, Karsenty et Bertrand (1996) et Lavigne Delville, Bouju et Le Roy (2000). Sur l'Amérique andine, voir notamment Aubron (2005 ; 2006) et Jobbé-Duval (2005a ; 2005b). Plusieurs sites internet, spécialisés sur les questions foncières ont vu le jour ces dernières années. Voir en particulier le site de l'association Agter (Association pour l'amélioration de la gouvernance de la terre, de l'eau et des ressources naturelles : www//agter.asso.fr).

17. La synthèse présentée par Elinor Ostrom en 1990 fait bien sûr référence sur cette question.

ce n'est pas le détenteur du foncier qui est en position de force (comme c'est le cas lorsque le métayer, dépourvu de foncier, apporte surtout sa force de travail au processus de production), mais au contraire le « métayer » qui, bien que non propriétaire, impose sa loi car il apporte le capital nécessaire au processus de production (la totalité du capital fixe et parfois des frais de culture). Ces nouveaux rapports sociaux se sont généralement développé plus récemment dans des contextes où (1) le foncier a été très largement réparti dans le cadre notamment de réformes agraires, (2) les bénéficiaires de ces réformes agraires n'ont pas un accès suffisant aux moyens de production et (3) les politiques de libéralisation rendent possible et facilitent ce type de rapport contractuel[18]. Dans ce cas, il est fréquent de voir apparaître ces nouveaux « métayers », détenteurs de capitaux et d'accès privilégié au marché, en situation de proposer ce type de contrat à une myriade de petits propriétaires, totalement dépourvus de moyens de production et devenant parfois ouvrier agricoles sur leur propre terres. De nombreux exemples de « métayage inversé » pourraient être présentés. Plusieurs ont été décrits au Mexique (*encadré 2*)[19].

Les multiples formes de « contractualisation » proposées aujourd'hui aux agriculteurs, qu'il s'agisse seulement d'une promesse d'achat moyennant respect d'un cahier des charges ou de la prise en charge complète du processus de production en échange d'une rémunération forfaitaire, illustre le foisonnement des modalités d'accès aux ressources dans lesquelles les agriculteurs peuvent se trouver engagés pour le meilleur et pour le pire, les chemins empruntés conditionnant souvent de façon déterminante la combinaison de facteurs de production mise en œuvre, et par là, le système de production.

Les décisions techniques des agriculteurs sont aussi influencées, parfois même imposées, par l'éventail réduit des moyens de production qui leur sont proposés à un moment donné par les organismes d'encadrement ou « de développement », et donc par les choix économiques et politiques qui leurs échappent largement. Un exemple illustrant le poids de ces « techniques d'encadrement »[20] et choix politiques sur les trajectoires suivies par les systèmes de production est fourni par le développement, en France notamment, du modèle maïs-soja d'alimentation des vaches laitières (Garambois, 2011).

Les systèmes de production mis en œuvre par les agriculteurs d'une région donnée ne peuvent donc pas être appréhendés sans percevoir le tissu complexe de relations sociales dans lesquels ils sont impliqués, notamment pour parvenir à rassembler les facteurs de production dont ils ont besoin. En ce sens, les systèmes de

---

18. Il est des cas où ce type de « métayage inverse » est très ancien comme en Éthiopie où depuis très longtemps le détenteur de l'attelage est en mesure de « prendre en métayage » des terres dans des conditions qui lui sont très favorables, à tel point que dans certaines régions de ce pays, c'est bien l'accès à l'attelage (au capital fixe) qui détermine plus que tout autre chose l'accès réel (et non pas formel) au foncier.

19. Voir par exemple, dans le cas du Mexique, les travaux de J.-Ph. Colin (2003) et ceux sur le métayage d'élevage de H. Cochet, E. Léonard et B. Tallet (2010).

20. Le géographe Pierre Gourou (1973) fut le premier à définir ce terme. Par opposition aux techniques de production, les « techniques d'encadrement » désignent alors l'ensemble des rapports sociaux de production, les rapports villes-campagnes et ceux que peuvent entretenir les pouvoirs publics avec la paysannerie.

production sont bien des sous-systèmes du système agraire. Leur compréhension passe par celle du système agraire autant que ce dernier ne peut pas être appréhendé sans analyse détaillée de ses sous-systèmes constitutifs… (Voir la question de la combinaison des échelles d'analyse dont il sera question plus loin).

Système de production *versus* système d'activité, une question mal posée ?

Dans un grand nombre de situations, et ceci n'est pas une nouveauté, les stratégies familiales dépassent la simple activité agricole et ne s'entendent qu'à la lumière de stratégies plus vastes. Il est alors entendu que le procès de production *stricto sensu*, étudié à l'aide du concept de système de production, n'a pas vocation à tout expliquer. Qui plus est, il est même fréquent que les logiques qui animent les systèmes de production agricoles ne puissent pas être appréhendées sans référence à « *un métasystème, appelé système d'activités, qui constitue le véritable domaine de cohérence des pratiques et des choix des agriculteurs* » (Paul *et al.*, 1994)[21].

Toutefois la pluriactivité des agriculteurs n'est pas une chose nouvelle (Tchayanov l'avait déjà théorisé en 1924 à sa manière…). Dans le contexte ouest-européen, par exemple, et dans un passé pas si éloigné que cela les agriculteurs étaient aussi menuisiers, charron, cordelier, crémier, fromager, boucher et charcutier, commerçant… mais aussi, pour tous ceux dont l'exploitation agricole n'occupait pas la force de travail familiale toute l'année (ou toute la journée), travailleur à façon, colporteur, ramoneur, bûcheron, etc. La pluriactivité était la règle plutôt que l'exception (Mayaud, 1999). C'est plutôt la spécialisation contemporaine des agriculteurs vers la production de denrées de base non transformées et l'appel de plus en plus systématique à des intrants et outils non produits sur l'exploitation qui a réduit considérablement la pluriactivité des agriculteurs (*supra*). Un constat similaire pourrait être fait dans des contextes historiques et géographiques bien différents. Dans de nombreuses sociétés d'Afrique sub-saharienne précoloniales par exemple, il est clair que la pluriactivité des ruraux était généralisée : pêche, chasse, cueillette complémentaires des produits forestiers, échanges et commerce à longue distance (noix de cola par exemple). Une certaine spécialisation des artisans, forgerons par exemple, ne les empêchait pas de pratiquer aussi l'agriculture d'autant plus facilement que les aînés des lignages fondateurs leur donnaient facilement accès au foncier dans le but justement qu'ils s'installent au village… C'est l'administration coloniale qui a brutalement réduit la mobilité des populations et leur pluriactivité en cantonnant les individus (Code de l'indigénat, regroupement de l'habitat, « mise au travail » des indigènes) et en leur interdisant l'accès à certains espaces/ressources (Verdeaux, 1997).

La pluriactivité *résiduelle* à l'issue de ces processus de spécialisation a été très peu étudiée, d'une part parce que tous ceux qui la pratiquaient n'étaient pas toujours considérés comme de « vrais agriculteurs » et donc dignes d'intérêt, notamment en France, et d'autre part parce que tout ce qui relevait de « l'extérieur » du système de

---

21. Dans les travaux anglo-saxons, cette notion est surtout abordée en termes de *rural livelihoods*. Voir par exemple F. Ellis (2000).

production *stricto sensu*, notamment les rapports de production et d'échange dans lesquels l'agriculteur pouvait être inséré, était rejeté dans le magma indifférencié de « l'environnement économique ».

Aujourd'hui, alors que l'on assiste dans de nombreuses régions du monde à un redéploiement de la pluriactivité, il apparaît nécessaire de distinguer différentes « pluriactivités », celles qui relèvent *de facto* d'une semi-prolétarisation des agriculteurs ou d'une précarité généralisées (c'est le sauve-qui-peut pour assurer la survie), de celles qui permettent l'accroissement du niveau de vie et la réalisation d'investissements productifs (Dufumier 2006), ou la constitution ou entretien d'un patrimoine pour la retraite. Dans un premier type de cas, c'est parce que le revenu agricole reste en dessous du seuil de survie que la pluriactivité est si développée. Il s'agit alors de compléter un revenu pour « s'en sortir ». Dans un autre type de cas, la pluriactivité peut être « structurelle », le système de production agricole n'en étant qu'un élément. Les exploitations, bien que de très petite taille (parfois réduite à un jardin-verger) et ne produisant qu'un revenu limité, n'en sont pas pour autant menacées de disparition car parties prenantes de systèmes d'activités comprenant notamment la migration internationale[22].

Tout ce qui relève du « système d'activités » et qui peut contribuer à expliquer le pourquoi et le comment du processus productif en agriculture (notamment son maintien alors même que les conditions de sa rentabilité intrinsèque ne sont plus réunies) doit alors être regardé très attentivement. La prise en compte de ces activités *autres* dans l'étude et la compréhension des systèmes de production agricole est indispensable. L'affectation de la force de travail familiale à ces différentes activités (durée, saison) dépend du calendrier de travail agricole et du coût d'opportunité attribué à telle ou telle journée de travail à la ferme, tout autant que les opportunités externes de revenus peuvent conduire l'agriculteur à modifier son emploi du temps en conséquence. C'est là que le concept de système d'activité prend tout son sens, combinaison d'activités productrice de revenus, de sécurité sociale, de lien social, de patrimoine, etc. Si on cherche à comprendre « ce que les gens font et pourquoi ils le font », nul doute que les frontières du processus de production *sensu stricto* ne suffisent plus et que c'est bien au niveau du système d'activités que les choses prennent *parfois* (pas toujours !) sens.

Toutefois, le fait que les activités agricoles du ménage rural ne soient pas exclusives, ni même principales, n'empêche pas ces dernières d'être organisées de façon cohérente, d'autant plus que c'est souvent au niveau du finage, lieu d'enracinement du noyau familial, que les contraintes de *fonctionnement* sont les plus serrées. L'exploitation agricole, même réduite dans un cas extrême à un *résidu* ne produisant qu'une part restreinte du revenu (autoconsommation), à l'image des lopins de terre anciennement concédés aux travailleurs des *latifundia* latino-américains ou aux coopérateurs des *kolkhozes* soviétiques, peut être vue et analysée à l'aide du concept de système de production. La pertinence du concept de système de production,

---

22. De nombreux exemples de ces situations pourraient être trouvés sur le pourtour méditerranéen et ailleurs. Voir par exemple les travaux d'Adrian Civici sur l'Albanie ainsi que G. Biba et J. Pluvinage (2006).

même dans ces situations, ne dispense pas, bien sûr, d'apporter autant de soins à l'étude *systémique* des autres activités développées au sein de la famille, activités pas forcément productives, au sens que l'on peut donner aux *productions* du système de production, mais pourvoyeuses de revenu, créatrices de lien social, partie prenante de mécanismes de protection sociale, etc. Le système de production peut alors être perçu comme un sous-système du système d'activité.

Mais, inversement, dans le cas de la pluriactivité « sauve-qui-peut », c'est plutôt la fragilité du système de production, ses résultats trop incertains et sa crise qui expliquent la combinaison d'activités mise en place par la famille pour assurer sa survie…

Si on utilise le concept de système de production pour décrire et comprendre un ensemble d'exploitations, il n'est en revanche pas toujours facile de repérer une ou plusieurs « autres activités » qui seraient plus particulièrement ou plus systématiquement « associées » au système de production. C'est le cas lorsque, par exemple, un type d'exploitation agricole de trop petite taille, et dont la force de travail familiale n'est pas utilisée à pleine capacité, est *caractérisé* par la vente d'une partie de la force de travail à l'extérieur pour les pointes de travail (chez les voisins, pour les pointes de travail…)[23]. Mais il est fréquent que les opportunités de travail soient soumises à une forte contingence, de sorte que la mise en cohérence (une cohérence porteuse de sens) d'une part d'une typologie d'unités de production agricole (chaque type étant représenté par un système de production), et d'autre part d'une typologie des combinaisons d'activités mises en place par la famille (systèmes d'activités) pose problème. D'où la tentation de revenir au système d'activité de chaque famille, prise isolément, et de revenir à une sorte d'individualisme méthodologique qui ferait que chaque famille serait considérée comme un système d'activités comportant en son sein un système de production (revenant ainsi à la conception Osty du système de production *supra…*).

Le concept de système de culture et celui de système d'élevage

Voici encore un terme, un concept, utilisé dans bien des sens différents ! Pendant très longtemps les géographes l'utilisèrent (et l'utilisent encore) pour définir l'assolement type de telle ou telle « structure agraire » caractéristique d'une région donnée. Par ailleurs, certains économistes, parce qu'ils étaient moins sensibles aux aspects techniques de la production agricole et, par-là, aux impératifs de *fonctionnement* du système de production, ont parfois assimilé le système de culture à l'ensemble des cultures pratiquées dans l'exploitation[24] (ensemble qui ne forme pas toujours système à ce niveau d'analyse) ou même à l'ensemble des productions de l'exploitation, le système de production désignant dans ce cas la simple combinaison des facteurs de production permettant d'aboutir à ces productions[25].

---

23. Relation encore caractéristique des rapports *latifundial minifundia* dans de nombreuses régions du monde… et définissant bien un « système d'activité ».

24. Système de cultures est alors orthographié avec un « s » à culture.

25. Par exemple : R. Badouin (1987).

Face à autant de confusion, ce sont donc les agronomes qui ont défini ce concept de façon précise, réellement systémique (contrairement aux différentes combinaisons désignées sous ce même terme par les géographes et les économistes) et en ont fait un outil efficace de compréhension de ce qui se passe « au champ ».

Une vingtaine d'années avant que Michel Sébillotte, professeur à l'Institut national agronomique de Paris-Grignon, ne donne au concept de système de culture sa consistance actuelle, l'agronome belge Pierre De Schlippé avait observé à la loupe l'agriculture manuelle zandé (Congo), classé des « types de champs » et donné à ce terme la définition suivante (1956) :

> Le type de champs est un concept structurel : il recouvre la combinaison d'un certain nombre de plantes cultivées soit en association lorsque les semailles sont simultanées ou successives, soit en succession durant la même saison, soit encore en succession d'associations. Il s'appuie en outre sur un fond écologique spécifique et, en troisième lieu, il se caractérise par une méthode de culture précise qui est fonction d'un calendrier agricole précis. [...] Afin de comprendre parfaitement le système agricole zandé, il a été nécessaire de diviser le sujet en deux parties, éléments et structure, de la même façon qu'un grammairien étudie d'un côté la morphologie, la description des mots, et de l'autre la syntaxe, la description des phrases. On pourrait comparer la description des formations écologiques, des plantes cultivées, des outils, des méthodes culturales à celle des mots et la description des types de champs à celle des phrases. De même que la signification d'un discours ne devient compréhensible que lorsque les mots s'articulent en phrases, le pourquoi d'une activité agricole ne devient clair que lorsque ses éléments s'assemblent dans la réalité des champs (1956a).

Définition étonnamment moderne dans le contexte colonial de l'époque, Pierre De Schlippé allait même plus loin :

> Chaque type de champs porte un nom, ce qui indique bien qu'il est considéré comme une entité, un concept, un modèle de normes de comportement, bref, un *médium* social (1956b).

Loin des conceptions technicistes largement dominantes à l'époque, Pierre De Schlippé en introduisant ainsi la notion de système de culture, lui donnait une dimension éminemment sociale.

Avec Michel Sébillotte (1976), le concept de *système de culture* prend une consistance plus technique : il s'applique non pas à une culture mais à une parcelle (ou un ensemble de parcelles) cultivée d'une certaine façon par l'agriculteur. Il comprend ainsi la ou les cultures qui y sont pratiquées (en association éventuelle), les successions culturales et l'ensemble des techniques qui leur sont appliquées suivant un ordonnancement précis (c'est l'*itinéraire technique*) et dans des conditions pédo-climatiques données. Pour une surface de terrain traitée de manière homogène, un système de culture est ainsi défini par les cultures pratiquées avec leur ordre de succession et l'itinéraire technique (combinaison logique et ordonnée des techniques culturales) mis en œuvre[26]. Par rapport aux « types de champs » auxquels s'intéressait

---

26. Le concept d'itinéraire technique, quant à lui, fait référence à « la combinaison, logique et ordonnée, des techniques culturales qui permettent de contrôler le milieu et d'en tirer une production donnée » (Sébillotte, 1974).

Pierre De Schlippé, le concept défini par Michel Sébillotte a l'avantage d'introduire explicitement l'idée de séquence temporelle, plusieurs « types de champs » pouvant très bien s'insérer dans une même rotation culturale et faire ainsi partie du même *système de culture*.

L'observation du paysage et sa lecture fournit d'abord des *types de champs* avant de suggérer des *systèmes de culture*. Car c'est la succession de différents types sur le même espace qui peut être analysée *in fine* en termes de système de culture, avec souplesse du reste car les successions en question ne sont pas toujours régulières et répétitives, loin de là. Ce qui se joue au niveau de la parcelle cultivée, les plantes cultivées et adventices qui s'y développent, les conditions dans lesquelles cela se passe, la façon dont on s'y prend pour cela, ainsi que *l'histoire* de la parcelle, tout cela forme *système*, ou du moins convient-il de l'analyser *en termes de système*, tout comme le fonctionnement d'un troupeau d'animaux domestiques, d'ailleurs.

À une échelle d'analyse équivalente, le *système d'élevage* se définit à l'échelle du troupeau et intègre à la fois les aspects relatifs à la composition de ce troupeau (caractéristiques génétiques, pyramide démographique, sex-ratio…), à son alimentation et au calendrier fourrager correspondant, à la conduite du troupeau (déplacements, reproduction, soins…) (Dollé, 1984 ; Lhoste, 1984 ; Landais, 1992). Le système d'élevage peut lui aussi être caractérisé par un certain nombre de pratiques : agrégation (constitution d'ateliers ou de lots, groupes d'animaux qui seront traités de façon particulière selon leur sexe ou leur catégorie d'âge et qui sont reliés par des flux d'animaux), conduite (reproduction, santé, alimentation), exploitation (opération de prélèvement sur le troupeau : lait, laine, viande…), renouvellement du troupeau (réforme, sélection des jeunes ou achat pour le renouvellement) (Landais et Balent, 1995). Étroitement liées dans l'espace et dans le temps, l'ensemble de ces pratiques d'élevage doit être également analysé en termes de système, l'alimentation en constituant bien souvent la clef de voûte[27].

L'analyse d'un espace cultivé en termes de système de culture, ou celle d'un troupeau d'animaux domestiques en termes de système d'élevage, intègre bien sûr de nombreux éléments déjà rencontrés au niveau d'analyse immédiatement supérieur, et englobant, du système de production, outillage, force de travail, par exemple, mais n'en constitue pas moins un sous-système du système de production. À l'exception des exploitations agricoles, au demeurant assez rares, ne comportant qu'un système de culture ou qu'un système d'élevage, c'est bien la combinaison des différents systèmes de culture et des différents systèmes d'élevage qui, à nouveau, forme système à l'échelle de l'exploitation agricole tout entière, au niveau du système de production.

COMBINAISON D'ÉCHELLES D'OBSERVATION, D'ANALYSE ET DE COMPRÉHENSION

À l'échelle régionale, c'est sans doute les géographes et agro-géographes qui ont les premiers utilisé la notion de système agraire. Le concept de système de production,

---

27. Pour une revue de l'utilisation de ce concept en Europe, voir notamment A. Gibon *et al.* (1999).

quant à lui a été et est utilisé à la fois par les économistes, les agro-économistes et les agronomes, celui de système de culture ayant été élaboré par les agronomes. Mais c'est la combinaison de ces échelles d'analyse et de ces différents concepts, notamment grâce à celui, englobant, de *système agraire,* qui reflète le mieux l'originalité de l'agriculture comparée en tant que démarche compréhensive des agricultures du monde.

L'espace constituant l'objet même de la géographie, ou à tout le moins une dimension privilégiée de l'analyse, la question du choix de l'échelle d'analyse et celle de l'éventuelle combinaison de plusieurs échelles ont été abordées par les géographes. Après une période où les approches régionales ont dominé la géographie (entre les deux guerres et jusque dans les années 1960 et 1970), un engouement s'est manifesté pour le choix d'une échelle plus grande (au sens de la géographie), notamment le terroir ou le finage villageois[28], avant que ne se manifeste, plus récemment, un retour à une échelle plus petite, celle du cadre national et du politique, le pays. Mais de tous ces espaces emboîtés, un seul d'entre eux était bien souvent retenu, comme échelle privilégiée d'analyse, les autres servant de contrepoint. Jean-Yves Marchal, au contraire, propose un usage « télescopique » du changement d'échelle, entendant par-là un cheminement en va-et-vient d'un niveau à l'autre, imposé par l'observation, révélé par le terrain[29].

C'est à ce type d'usage « télescopique » du changement d'échelle qu'invite l'agriculture comparée, et tout particulièrement entre les trois niveaux d'analyse que nous privilégions, celui de la parcelle ou du troupeau, niveau d'observation des pratiques, celui de l'unité de production ou exploitation agricole, niveau d'intégration des différents systèmes de culture et systèmes d'élevage, et celui de la région (plus ou moins vaste, nous l'avons vu) ou du pays, niveau pertinent d'application du concept de système agraire. Il ne s'agit pas seulement de trois échelles spatiales différentes et emboîtées, mais aussi et surtout de trois niveaux d'organisation fonctionnelle interdépendants. Au-delà de ces échelles-là, le pays, la région souscontinentale ou le monde constituent bien évidemment autant de niveaux d'analyse auxquels on ne peut échapper tant est forte et immédiate la concurrence à laquelle sont soumis à peu près tous les agriculteurs du monde (*supra*).

Aborder ces différents niveaux d'analyse et passer autant que de besoin de l'un à l'autre n'empêche pas une certaine hiérarchisation, notamment à cause de la nécessité d'aborder le *complexe* en partant du *général* avant de se pencher sur le *particulier*, comme le suggère Marc Dufumier :

> [...] entreprendre l'analyse par étapes successives, en commençant à des niveaux de perception vastes et englobants (monde entier, pays, régions...) pour terminer à des niveaux plus petits et particuliers (exploitations, parcelles, troupeaux...) (1996b, p. 56).

---

28. Avec, par exemple, la série d'étude sur les terroirs africains dirigée par Sautter et Pélissier (*op. cit.*) et de nombreuses études entreprises sur tel ou tel village français. À ce propos, voir la synthèse présentée par J. Bonnamour (1993).

29. J.-Y. Marchal, cité par J. Bonnamour (1993, p. 117).

Combiner différentes échelles d'observation et d'analyse revient aussi à rejeter l'idée qu'un problème quelconque puisse être appréhendé et *a fortiori* résolu, à une seule échelle d'analyse. La logique « agronomique » (type de cultures, succession culturale, effet « précédent » et « sensibilité du suivant », nature et ordonnancement des opérations culturales appliquées à chaque culture…) doit être abordée en termes de système à l'échelle de la parcelle, mais sa compréhension, l'explication des choix et pratiques des agriculteurs sont aussi à rechercher au niveau du fonctionnement de la combinaison des différents systèmes de culture et d'élevage, c'est-à-dire à l'échelle du système de production. De la même façon, si l'ensemble des pratiques d'élevage développées autour d'un troupeau d'animaux domestiques doit être analysé en termes de système d'élevage, les explications des choix et pratiques des agriculteurs ne sont pas à rechercher à cet unique niveau d'analyse, mais aussi à celui du système de production (Cochet et Devienne, 2006, *op. cit.*).

Ce qui est vrai du va-et-vient entre le niveau du *système de culture* et celui du *système de production*, par exemple, l'est tout autant entre celui du *système de production* et celui du *système agraire*, entre le système agraire d'une région donné et ceux développés à l'autre bout du monde, tant est forte aujourd'hui l'imbrication et l'interdépendance de toutes les formes d'agricultures.

| Concept | Système agraire | | |
| | Système de production (*farming system*)/système d'activités | | |
	Système de culture/ système d'élevage		
Objet/échelle d'analyse	Parcelle/troupeau	Exploitation agricole	Village/région/nation
Type d'analyse	Agro-écologique (bio-technique)	Agro-socio-économique	Agro-géographique et socio-économique

Figure 1. Objets, concepts et emboîtement d'échelles. Source : H. Cochet.

ENTRE SCIENCES DU VIVANT ET SCIENCES SOCIALES, UN DÉLICAT POSITIONNEMENT DU « SYSTÈME AGRAIRE »

Le concept de système agraire est complexe et, il faut bien le dire, exigeant. Cette complexité est le reflet de la réalité qu'il cherche à décrire, à savoir une société rurale ou le secteur agricole d'une société ; comment pourrait-il en être autrement ? Sa complexité provient, d'une part, de l'exigence de combinaison d'échelles d'analyse très différentes, et d'autre part, de celle d'exprimer le faisceau de relations qui relient la sphère technique – des écosystèmes exploités et leur fonctionnement – à la sphère sociale – un système social productif. La compréhension des mécanismes biologiques qui président au fonctionnement des écosystèmes autant que celle des processus techniques conduisant à l'artificialisation progressive de ces derniers nécessite, nous l'avons vu, de mobiliser savoirs et méthodes propres aux sciences de la vie, en général, à l'agronomie et à la technologie de l'agriculture en particulier (*infra*) :

> [Mais] le système agraire ne peut alors être considéré comme un simple système technique de pratiques agricoles, ni réduit aux seules structures de répartition des terres destinées à l'agriculture. L'idée est bien au contraire d'analyser conjointement les transformations des techniques agricoles et les modifications qui interviennent dans les rapports sociaux, non pas seulement à l'échelle locale mais aussi au niveau national et planétaire. C'est en cela que les recherches menées en termes de systèmes agraires se différencient des travaux réalisés en matière de *farming system research (FSR)* dans les pays anglo-saxons (Dufumier, 2007, p. 8) (*supra*).

Dès les années 1970 et 1980, le fait que les approches *système* développées par les collègues anglo-saxons, notamment dans le cadre du Groupe consultatif pour la recherche agricole internationale (CGIAR), intègrent fort peu la dimension historique des dynamiques agraires autant que l'enchâssement des choix techniques des agriculteurs dans leur contexte social et politique, explique d'une part que l'approche en termes de système agraire ait évolué en parallèle à celles regroupées sous le vocable FSR plutôt que conjointement, et d'autre part que le concept de système agraire n'ait pas fait fortune outre-Manche ou outre-Atlantique[30].

Il semble en effet que dans le monde académique anglo-saxon, deux familles d'approches se soient partagé les recherches consacrées à l'agriculture et au monde rural. D'une part toutes celles se réclamant de la *Farming Systems Research* (FSR), centrées sur l'étude des processus techniques en termes de système, notamment à l'échelle de l'unité de production agricole, et souvent conduites par des agronomes ou leurs collègues se réclamant des sciences et techniques de l'agriculture. Des typologies d'exploitations agricoles étaient alors élaborées en fonction de « critères de différenciation » préalablement identifiés. Privilégiant l'étude des « systèmes » et de leur fonctionnement à un instant « *t* » (aujourd'hui) dans la perspective de l'élaboration de recommandations techniques, elles faisaient peu de place à la compréhension des processus inscrits sur la longue durée, à l'histoire, aux conditions d'accès aux ressources, à la répartition de la valeur et à ses conséquences, aux relations sociales et aux mécanismes de différentiation, et enfin aux conditions d'insertion de la paysannerie dans la société globale.

À la même époque, moins soucieuses d'expliquer le caractère systémique des processus de production, démarche laissée aux agronomes et économistes regroupés autour des démarches en termes de FSR, les approches sociales de la question agraire ont connu une prolifération d'études regroupées sous le vocable de *peasant studies* ou *agrarian studies* (Bernstein et Byres, *op. cit.*). Mises en œuvre par des

---

30. Au point que le terme « *agrarian system* » ne soit pas même mentionné dans les dictionnaires anglo-saxons de géographie humaine (voir par exemple Johnston *et al.*, 2000). Conway au contraire situe bien sa démarche au niveau de l'agro-écosystème (1984).

chercheurs en sciences sociales, se référant notamment à l'économie politique (ou *agrarian political economy*), à la sociologie et à l'histoire, ces recherches mettaient précisément l'accent sur les aspects peu ou pas abordés dans le cadre des FSR. Au contraire des précédentes, ces approches faisaient la part belle aux dynamiques sociales, à l'histoire, et au contexte économique et politique dans lequel s'inséraient les pratiques des agriculteurs et les relations qui les liaient à la société dans son ensemble. Elles mettaient en avant la différenciation sociale interne aux sociétés rurales, les rapports sociaux et le rôle de l'intégration au marché des sociétés rurales du Sud dans l'accroissement des inégalités. En revanche, les *peasant studies* ne faisaient que rarement appel au concept de « système » parce que le processus technique en tant que tel était rarement mis au centre de l'analyse. Par ailleurs, une certaine méfiance régnait vis-à-vis de l'approche en termes de systèmes, dans la mesure où la recherche des caractéristiques du système, de son « équilibre », de sa « cohérence interne », des « rétroactions » et « régulations » inhérentes à la notion même de système, de sa « reproductibilité » postulée en tant que telle semblait incompatible, aux yeux de ces chercheurs, avec la mise en évidence des conflits, tensions et différenciations internes, des rapports sociaux de production et d'échange, des périodes de crise et de recomposition, et donc des dynamiques historiques.

C'est de ce foisonnement de travaux relevant des *peasant studies* que semble avoir émergé outre-Atlantique à partir des années 1980, un nouveau thème fédérateur autour de la prise en compte conjointe des facteurs physiques et humains dans la dégradation de l'environnement (Blaikie, 1985), thème autour duquel allait s'individualiser l'écologie politique *Political Ecology* (Peet and Watts, 1996). En postulant l'origine avant tout sociale et politique des processus de dégradation des écosystèmes et en questionnant le bien fondé des politiques menées par les pouvoirs publics en matière environnementale autant que les stratégies et résistances provoquées par ces mêmes politiques, l'écologie politique permettait de redécouvrir les pratiques paysannes dénoncées en haut lieu, leur logique propre et leur cohérence. Dans la continuité de ces approches, l'histoire environnementale *Environmental History* a récemment ouvert une voie d'approfondissement de leur dimension historique, soulignant ainsi la complexité et la dynamique des relations nature/société et tout particulièrement des agriculteurs et des écosystèmes (relation entre intensification et environnement) dans lesquels ils vivent (Tiffen and Mortimore, 1994 ; Fairhead and Leach, 1996 ; McCann, 1995 ; 2005).

L'agriculture comparée a tenté au contraire, autour du concept de système agraire, de concilier ces deux types d'approches et de favoriser leur fertilisation croisée : approche systémique des processus productifs d'une part, compréhension fine de leur insertion dans le corps social et dans le temps long des dynamiques agraires, d'autre part.

Aujourd'hui, c'est peut-être avec l'écologie politique américaine, notamment parce qu'elle postule que les dynamiques agraires résultent de l'évolution des rapports nature/sociétés et de leur expression à l'interface entre processus bio-technique et fait social, que l'approche agriculture comparée présente le plus de similitude. Le programme *Agrarian Studies*, développé aux États-Unis sous la direction de James C. Scott dans les années 1990, était en effet construit en réaction au caractère ahistorique de la plupart des études et recherches menées sur le « développement » et la « modernisation » des agricultures et des espaces ruraux. Il était basé sur les deux postulats suivants : s'appuyer davantage sur le recueil des savoirs locaux et des pratiques mises en place par les agriculteurs et donc remettre le travail de terrain, à l'échelle local, au centre de l'analyse et mettre en œuvre une démarche à la fois comparatiste et basée sur un corpus de connaissances pluridisciplinaire (Scott, 2001)[31].

Par l'importance accordée à l'historicité des processus d'accumulation et de différenciation, par le soin apporté à l'étude des rapports sociaux, par l'accent mis sur le travail de terrain et la collecte des données, par la construction théorique progressive à partir de la multiplication des études de cas et par une distance maintenue par rapport aux théories globalisantes, par sa préférence holiste et sa démarche systémique, par son ouverture, enfin, aux autres sciences sociales qu'elle sollicite autant que de besoin (*infra*), l'agriculture comparée a pu présenter quelques similitudes avec certaines approches dites « hétérodoxes », notamment du côté des approches institutionnalistes « classiques ». Jean-Philippe Colin et Bruno Losch ont souligné à ce propos certaines proximités entre ce qu'ils appelaient « l'économie rurale africaniste française », à laquelle l'agriculture comparée a pu apporter sa contribution, et l'institutionnalisme classique américain (1994)[32].

Sans doute le concept de système agraire est-il trop complexe et englobant, ou son application trop difficile à mettre en œuvre dans le cadre étroit d'un projet de recherche mono-disciplinaire ou dans celui d'une opération de vulgarisation, pour que son usage puisse en être largement répandu au sein d'une communauté scientifique exagérément spécialisée et peu encline au mariage entre sciences « dures » et sciences « sociales ». Son ambition explicative serait-elle démesurée et son usage limité à celle d'un kaléidoscope ?

Beaucoup ont baissé les bras. Plus de trente ans après la création d'un département spécialisé sur l'étude des systèmes agraires à l'Inra (en 1979) et au Cirad, un certain reflux de l'approche en termes de système agraire laisserait à penser que le concept de système agraire, et avec lui l'échelle régionale à laquelle il était le plus pertinent, serait quelque peu délaissé aujourd'hui[33].

Le vide laissé par l'abandon, par certains, de ce concept et de cette échelle d'analyse des dynamiques agricoles fait que tout ce qui dépasse l'exploitation agricole est encore trop souvent rejeté dans le magma indifférencié de « l'environnement économique », alors que les relations entre ces éléments

---

31. "*Every inquiry into rural life, whenever and wherever situated could be illuminated by work addressing similar problems in quite different contexts*" (p. 2). Chaque recherche devant être "*deeply touched by comparative reading across regions, across historical periods, and across disciplines. They are, in other words, analyses conducted in the shadow of a broad interdisciplinary encounter*" (p. 3).

32. Voir également J.-Ph. Colin (1990).

33. Au point que le département Système agraire et développement de l'Inra (SAD) changea de nom, sinon de sigle…

« externes » sont complexes et doivent plus que jamais être analysées en termes de système. Par ailleurs, le retour en force du « local », du « paysage », du « territoire » dans les approches environnementales, la nécessité de plus en plus ressentie d'une compréhension globale des problèmes et du caractère indissociable du « technique » et du « social » n'impose-t-il pas, à nouveau, de porter une attention particulière à cette échelle d'analyse et d'appréhender le *tout* pour en comprendre les parties ?

Chapitre 4

L'approche diachronique des systèmes agraires

Grâce aux concepts spécifiques qu'elle a su développer (notamment celui de système agraire), l'agriculture comparée est en mesure d'apporter un éclairage novateur sur les transformations anciennes et contemporaines de l'agriculture, parfois interprétés en termes de *crise* ou de *révolution* agricole comme nous le verrons, et de participer ainsi, conjointement avec d'autres disciplines telle que l'histoire bien sûr mais aussi l'archéologie, l'ethnobotanique et la technologie historique, à la création de connaissances et à l'intelligence des phases-clé de l'évolution des agricultures du monde.

L'étude comparée des systèmes agraires, dans une approche synchronique, doit donc aller de pair avec leur étude diachronique, c'est-à-dire leur succession et leur enchaînement dans le temps :

> La dynamique d'évolution, de décomposition, d'éclatement et de recomposition des systèmes agraires résulte d'un mouvement contradictoire des différents niveaux du système dont les évolutions respectives s'inscrivent dans une dynamique propre plus ou moins autonome (Kroll, *op. cit.*, p. 12).

Dans ce mouvement, la notion de « crise agricole », et celle de « révolution agricole » apparaissent fondamentales. Dans la mesure où l'on peut considérer que crises et révolutions agricoles ponctuent souvent le passage d'un système agraire à un autre, on peut dire que ces notions sont indissociables de celle de système agraire.

L'histoire nous fournit un certain nombre d'exemples où, à des périodes de relative stabilité et/ou de croissance continue ou au contraire de misère sans fin, succèdent des phases de troubles, de régression puis de transformations profondes et de renaissance. Repérer ces discontinuités majeures qui jalonnent l'histoire des sociétés agraires, les analyser et les rendre intelligibles constituent autant de tâches essentielles de l'agriculture comparée. Comprendre la crise d'une agriculture, celle d'un système agraire, et réfléchir sur les moyens et conditions à réunir pour s'en extraire, ou les moyens et conditions pour anticiper son avènement constituent autant d'enjeux majeurs de cette discipline.

QU'EST-CE QU'UNE « RÉVOLUTION AGRICOLE » ?

Le concept de « révolution agricole »

Le terme a d'abord été utilisé pour désigner les transformations profondes de l'agriculture anglaise au XVIIIe siècle, en lien notamment avec le mouvement des enclosures. Son usage fut ensuite élargi aux transformations considérables de l'agriculture ouest-européennes au XIXe siècle, notamment en France, et caractérisées en particulier par la mise en culture des jachères par des plantes sarclées et des cultures fourragères. Cette révolution agricole fut notamment décrite et analysée par des historiens comme Marc Bloch (1931) et Michel Augé-Laribé (1955). Dans *Les caractères originaux de l'histoire rurale française* (1931), Marc Bloch écrivait :

> L'habitude s'est prise de désigner sous le nom de « révolution agricole » les grands bouleversements de la technique et des usages agraires qui, dans toute l'Europe, à des dates variables selon les pays, marquèrent l'avènement des pratiques de l'exploitation contemporaine[1].

L'usage du mot « révolution » fut parfois contesté, car les transformations en cause ont rarement eu la brutalité et la rapidité que suggérerait ce terme. Marc Bloch lui-même déclarait :

> Le terme est commode [...] il met l'accent sur l'ampleur et l'intensité du phénomène [...]. Révolution, sans doute, [...] mais secousse inouïe succédant à des siècles d'immobilité ? Non certes. Mutation brusque ? pas davantage. Elle s'est étendue sur de longues années, voire sur plusieurs siècles (*op. cit.*).

En fait, la lenteur et les hésitations du processus n'enlèvent rien à son caractère « révolutionnaire ». On peut en revanche s'interroger sur ce qui différencie un simple ensemble de transformations agricoles et agraires de ce qu'il convient plutôt de désigner par « révolution agricole ». Dans *L'histoire de la France rurale* (1975), G. Bertrand écrivait :

> Le passage d'un « modèle » d'agrosystème à l'autre correspond à une mutation dans les relations entre la société rurale et son milieu écologique. L'analyse de ces mutations est essentielle. Elle pose, sous l'angle de l'écologie, le problème controversé des « révolutions agricoles ».

Pour M. Mazoyer (1987) :

> Tout système agraire, tout mode d'exploitation du milieu ayant une capacité de production limitée, tant que celle-ci n'est pas atteinte, le développement agricole peut consister à étendre ce système, à pleinement employer ses moyens spécifiques et à en affiner le mode d'utilisation dans tout l'espace exploitable. Cette limite étant atteinte, le développement agricole ne peut se poursuivre que par un changement de système agraire, c'est-à-dire une révolution agricole qui implique un changement de qualité ou de nature du processus de production (autre système d'outillage, autre source d'énergie, autre écosystème cultivé, autre mode d'artificialisation du milieu, etc.). Dans les deux cas, (1) extension d'un système agraire

---

1. Cf. p. 201 dans l'édition Armand Colin de 1976.

préexistant (2) instauration d'un nouveau système agraire, mais surtout dans le second, l'amélioration du processus de production suppose des changements préalables dans les rapports de travail et d'échanges, dans les institutions et les idées qui gouvernent ce processus et qui peuvent entraver son mouvement progressif. Une révolution agricole ne consiste donc pas en une simple extension du mode d'exploitation préexistant, elle comporte au contraire un changement qualitatif profond du processus de production qui affecte la nature de l'écosystème cultivé, la force ou la quantité d'énergie utilisée, la puissance de l'outillage, la productivité du travail…

Il est essentiel de rappeler qu'une révolution agricole ne se réduit pas à une révolution technologique ou à la simple « adoption » de techniques, outils et savoirs nouveaux ou venus d'ailleurs. Dans le cas de la révolution agricole des XVIIIe et XIXe siècles en Europe de l'Ouest, les cultures fourragères ne constituent pas une nouveauté, pas plus que les plantes sarclées déjà connues et installées depuis longtemps dans les jardins. L'ensemble du système d'outillage est également connu et disponible depuis le Moyen Âge (attelage, charrue et herse, faux, charrettes et chariots). Ce qui est nouveau, c'est la réunion de conditions sociales, économiques, juridiques et politiques, notamment grâce à la Révolution, qui rendent *possible* et *nécessaire* le changement.

> « Il s'agit d'un développement agricole complexe, inséparable du développement des autres secteurs d'activité, et dont les conditions et les conséquences sont d'ordre écologique, économique, social, politique, culturel et juridique, bien plus que technique » (Mazoyer et Roudart, 1997a).

D'abord circonscrit aux mutations de l'agriculture européenne au XVIIIe et XIXe siècle, l'usage du concept de révolution agricole a ensuite été élargi par M. Mazoyer à d'autres contextes géographiques et historiques. En qualifiant désormais la révolution agricole des XVIIIe et XIXe siècles en Europe de « première révolution agricole des temps modernes », il introduit dès lors l'idée que d'autres l'ont précédé, la première d'entre toutes étant bien sûr la révolution agricole néolithique qui, bien que réalisée en différents lieux (les « foyers ») et non de façon synchronisée, n'en demeure pas moins un bouleversement de nature comparable, tant sur le plan technologique que social, politique et culturel.

Les quatre révolutions agricoles européennes

À propos de l'histoire agricole européenne, M. Mazoyer a fort bien montré en quoi et pourquoi les quatre ensembles de transformations qu'il décrit et interprète constituent bien, par leur ampleur et leurs déterminants à la fois techniques, économiques, sociaux et politiques, autant de révolutions agricoles. Il démontre ainsi que le développement des systèmes agraires à jachère et culture attelée légère des régions tempérées et la différenciation *ager/saltus* qui l'a accompagné, constitue la « révolution agricole de l'Antiquité » et fut une réponse appropriée au problème posé par la déforestation dans l'Antiquité (*voir encadré 1*). Le développement des systèmes agraires à jachère et culture attelée lourde des régions tempérées froides de l'Europe du Nord-Ouest au Moyen Âge est ensuite qualifié de « révolution agricole du Moyen Âge ». Elle est caractérisée par le développement considérable des stocks fourragers hivernaux grâce à l'extension de prés de fauche mis en défens, des moyens de transport (charrettes) et de stockage des fourrages (fenil) ; l'entretien de troupeau plus conséquent et l'augmentation de la production de fumier ; l'accroissement concomitant des rendements céréaliers et la généralisation de l'assolement triennal dans l'Europe océanique et du Nord ; l'utilisation d'outils de labour plus efficaces (charrues). La troisième révolution agricole identifiée, et dont il a été question plus haut, est celle des XVIIIe et XIXe siècles en Europe qualifiée de « première révolution agricole des temps modernes ». Enfin, les transformations qu'ont connues depuis la fin de la seconde guerre mondiale l'agriculture en Europe de l'Ouest et aux États-Unis constituent la « deuxième révolution agricole des temps modernes » ou « révolution agricole contemporaine ». Ses caractéristiques sont connues : moto-mécanisation, spécialisation, « chimisation », sélection (*encadré 1*).

L'Afrique sub-saharienne a aussi connu ses « révolutions agricoles »

Dans un tout autre contexte géographique, l'histoire de l'agriculture du Burundi, dans l'Afrique centrale des Hautes Terres, pourrait être « résumée » par la succession de trois systèmes agraires distincts, les passages de l'un à l'autre pouvant être caractérisés comme autant de révolutions agricoles (*encadré 3*). On peut en effet démontrer que les mutations agraires qui ont accompagné, aux XVIIe et XVIIIe siècles, l'introduction et le développement du maïs et des haricots américains, à savoir (1) la généralisation du calendrier agricole à deux saisons de culture par an, (2) la multiplicité des récoltes et l'accroissement de la productivité globale du travail, (3) l'accumulation des bovins et la récupération minutieuse des déjections animales [2], (4) le développement de pratiques sociales qui se nouaient autour de la répartition du capital vif et (5) l'acquisition d'une relative sécurité alimentaire et le renforcement de l'État, tout cela constitue bien une révolution agricole, la première de cette histoire (Cochet, 2001, *encadré 3*). La « révolution bananière » constitue la seconde et se déroule pendant la deuxième moitié du XXe siècle. Elle se caractérise par le développement de la bananeraie au voisinage des habitations qui est rapidement érigée en véritable jardin agro-forestier ; la complexification des associations de culture sur les versants, la multiplication des cycles de culture dans les anciens bas-fonds assainis, ainsi que le développement de la caféiculture, toutes ces transformations aboutissent à une polyculture jardinée à haute intensité en travail qui a permis aux campagnes burundaises de nourrir trois fois plus de monde tout en prenant leur place sur le marché mondial des cafés *arabica* de qualité (*op. cit.*).

Dans le cas du Burundi cité ci-dessus, remarquons que ce n'est ni le changement de source d'énergie – on reste dans le domaine de l'agriculture manuelle – ni celui de l'outillage qui marquent les deux révolutions agricoles qu'a connues cette région du monde ; la houe en fer traverse deux mille ans d'histoire agraire sans connaître

---

2. Base d'une association agriculture-élevage beaucoup plus ancienne qu'on ne l'a cru généralement pour cette région du monde.

de modification décisive et le changement est plutôt venu du matériel biologique disponible et de l'usage qui en était fait : d'abord haricot et maïs, nouvelles plantes pour lesquelles les agriculteurs ont transformé leur ancien calendrier agricole afin de leur ménager une place de choix, étonnant exemple d'innovation paysanne et de parfaite intégration des nouvelles plantes dans les pratiques des agriculteurs ; puis les bananiers, plante connue depuis longtemps dans les environs, mais dont la généralisation n'a eu lieu qu'au XXe siècle, accompagnée d'un mode de consommation (la « bière » de banane) à la fois original et particulièrement économe en matière de fertilité ; et enfin, les patates douces et le manioc, ainsi que les arbres (avocatiers, manguiers, eucalyptus, grevillea…) dont les associations et combinaisons de plus en plus sophistiquées ont conduit à l'érection de jardins vergers étagés et à l'émergence de paysages agro-forestiers entièrement nouveaux. Réalisées sans faire appel, ou presque, aux moyens de production d'origine industrielle ni à l'énergie fossile, ces transformations s'apparentent à une intensification écologique tout à fait exemplaire. Avec le matériel biologique, c'est aussi le capital des exploitations agricoles qui s'est métamorphosé. Loin de se limiter à l'outillage des agriculteurs, toujours extrêmement réduit, le capital fixe des exploitations a surtout été cristallisé dans sa fraction vivante, le bétail dans un premier temps, la bananeraie et la fertilité accumulée ensuite, au terme d'une véritable révolution du mode d'accumulation et des rapports sociaux en vigueur (*op. cit.*).

Encadré 3

**Crises et révolutions agricoles : l'exemple du Burundi
dans l'Afrique des Grands Lacs** (d'après Cochet, 2001, 2004)

Les campagnes burundaises constituent, avec le Rwanda voisin, un des plus denses foyers de concentration humaine rurale. Les densités démographiques moyennes y avoisinant les 300 habitants/km^2, certaines régions dépassant largement les 500 habitants/km^2. L'agriculture, manuelle et presque exclusivement pluviale, repose sur l'agencement d'espèces et de variétés cultivées originaires de tous les continents et combinées entre agroforesterie, associations culturales complexes à deux saisons de culture par an, caféiculture et mise en valeur des bas-fonds. Cette agriculture très intensive en travail, mais qui fait très peu appel aux moyens de production d'origine industriel (outillage, engrais de synthèse et produits phytosanitaires, énergie fossile), et par là « écologiquement intensive » est l'aboutissement d'une longue histoire agraire : trois systèmes agraires se sont succédé au Burundi, le passage de l'un à l'autre s'étant réalisé au cours de deux révolutions agricoles majeures.

L'ancienneté de l'association agriculture-élevage
Pendant plus de mille ans, le sorgho et l'éleusine (*eleusine coracana*), semés au début de la saison des pluies, avaient constitué la base de l'alimentation des Burundais. Ces cultures étaient fertilisées grâce aux déjections collectées chaque matin dans l'enclos où le bétail bovin passait la nuit. Au-delà des terres cultivées (groupées à proximité de l'enclos) s'étendaient de vastes herbages pâturés par des troupeaux pendant la journée. La récupération des déjections nocturnes et leur épandage sur les terres cultivées constituaient donc les deux étapes d'un transfert latéral de fertilité au profit des cultures et assuraient la pérennité du système.

La révolution agricole des XVIIe et XVIIIe siècles

À partir du XVIIe siècle et durant tout le XVIIIe siècle, une véritable révolution agricole va bouleverser cet ancien système agraire. Avec l'adoption massive des plantes d'origine américaine (maïs et haricot du genre *phaseolus*) et leur positionnement en début de saison culturale, la succession maïs + haricot (en première saison de culture)/sorgho (en deuxième saison de culture la même année) se généralise à tout le pays. Au prix d'une augmentation importante de la quantité de travail fournie, les agriculteurs peuvent désormais pratiquer deux cycles de cultures par an. La productivité nette par travailleur s'accroît donc considérablement. Étalement des récoltes, diminution des risques et amélioration substantielle de l'alimentation permettent désormais à la population d'échapper aux disettes et aux famines.

Cette évolution sollicitant davantage les réserves minérales du sol, des mécanismes plus efficaces de reproduction de la fertilité ont été mis en place. L'augmentation des effectifs du bétail ne suffisant pas, à elle seule, à faire face aux besoins, il fallut aussi concentrer la ressource, en l'occurrence, les déjections bovines, sur la nouvelle rotation culturale à deux récoltes par an, beaucoup plus intensive, et pratiquée à proximité de l'enclos, tandis que les parcelles les plus éloignées, où l'on cultivait seulement l'éleusine en étaient privées. C'est ainsi que l'accumulation des bovins, et donc de leurs déjections, s'est trouvée placée au cœur des stratégies paysannes, des pratiques sociales et des rapports de clientélisme qui se nouaient autour de la répartition du capital vif.

Ces transformations dépassent donc le simple domaine de la production, pour affecter la société tout entière, ses formes d'organisation, les rapports sociaux de production et la répartition de la valeur, son épanouissement culturel enfin, idéologique et politique avec la consolidation d'un royaume centralisé. C'est pourquoi il n'est pas abusif de parler ici de véritable *révolution agricole*, même si ces changements ont dû mettre un certain temps – sans doute plusieurs générations – à se généraliser à l'ensemble des hauts « plateaux » burundais. L'essor démographique permis par cette révolution agricole est à l'origine du niveau de peuplement atteint à la fin du XIXe siècle, exceptionnellement élevé par rapport à la plus grande partie du continent africain.

Une crise malthusienne

Vers la fin du XIXe siècle, ce processus de développement est brutalement interrompu et le pays traverse une crise grave (épizooties, disettes et famines) qui dure jusqu'au milieu des années 1940. En amont de cette cascade de perturbations, la peste bovine joue un rôle décisif. Le bétail étant au centre du régime d'accumulation des exploitations agricoles de l'époque, l'épizootie provoque leur décapitalisation brutale et l'interruption des transferts de fertilité au profit des terres arables.

Mais la cause de cette crise est d'abord liée à l'affaiblissement généralisé du bétail provoqué par le surpâturage. Avec 70-75 habitants/km² en cette fin de XIXe siècle, le système agraire avait atteint et même dépassé ses propres limites. La poursuite de l'essor démographique entraîne dès lors la réduction des pâturages dont une partie est désormais consacrée aux labours. Tandis que tout un chacun tente de maintenir ou d'accroître les effectifs de son troupeau pour sauvegarder la fertilisation des cultures, notamment sur les pâturages indivis – c'est la « tragédie des communs » –, l'érosion du ratio pâturages/terres fumées entraîne un surpâturage généralisé, l'affaiblissement du bétail et son effondrement à l'occasion des épizooties. Finalement, la quantité de fumure animale disponible par hectare cultivé baisse fortement, entraînant avec elle la baisse des rendements, celle de la productivité du travail et de la quantité d'aliments disponibles.

Bien que nettement plus efficace à tout point de vue, que celui qui l'avait précédé, le système agraire à deux saisons de culture issu de la révolution agricole précédente n'en était pas moins consommateur d'espace, du fait précisément de la nécessaire association de la culture à l'élevage. Victime de son efficacité il atteint les limites des hautes terres favorables à son épanouissement. Bien qu'étrangères aux causes profondes de la crise et à son déclenchement, colonisation étrangère et intégration forcée aux échanges marchands ont prolongé la crise bien au-delà de ce qui aurait été possible.

Bananeraie et cultures associées : vers une polyculture jardinée à haute intensité en travail

Entre le milieu des années 1940 et le début des années 1990, et bien que la population soit multipliée par trois et avoisine alors les 200 habitants/km², le pays acquiert, et conserve, son autosuffisance alimentaire. Tandis que les terres cultivées augmentent (au détriment des pâturages) d'environ 50 % pendant la période 1950-1990, la production alimentaire connaît une croissance de l'ordre de 150 %, trois fois plus rapide donc. Cette dynamique remarquable est le résultat d'une intensification progressive et continue des systèmes de production.

La multiplication des bananeraies et leur extension en constituent l'une des manifestations les plus nettes. Complantée d'arbres fruitiers diversifiés, elle constitue le système de culture le plus performant en termes de création de valeur par unité de surface ou par journée de travail et constitue, avec le café, la première source de revenu monétaire des agriculteurs. En termes de fertilité, la bananeraie joue un rôle tout à fait exceptionnel grâce à la spécificité du produit recherché : le jus de banane destiné à être consommé ou vendu après fermentation sous forme de « bière ». La totalité des résidus de culture et de récolte (peaux de banane et résidus de pressage inclus) étant restituée au sol, les pertes d'éléments minéraux dues aux récoltes sont pratiquement réduites à zéro tandis que la matière organique s'accumule sur place. Il en résulte que, une fois installé, ce système de culture pouvait se suffire à lui-même sans exiger de fumure animale ni chimique. C'est ainsi que l'expansion de la bananeraie doit être mise en relation avec la régression de l'élevage auquel elle finit par se substituer.

Sur les versants des collines, au-delà de la bananeraie, les associations de cultures sont devenues quasi systématiques et se sont peu à peu complexifiées, accompagnant par ailleurs la multiplication des cycles de culture tant sur les versants que dans les bas-fonds.

Complexification des associations, développement de la bananeraie et transformation du mode de reproduction de la fertilité, intensification en travail et finalement, doublement ou triplement de la production alimentaire : il s'agit là d'une autre révolution agricole, réalisée pourtant sans aucun moyen de production d'origine industrielle, sans engrais ni produits phytosanitaires et sans énergie fossile : un aperçu en quelque sorte d'une véritable « intensification écologique ».

Contrairement aux transformations agraires des XVIIe et XVIIIe siècles dont la principale conséquence fut·l'accroissement de la productivité du travail, la révolution bananière est celle de l'augmentation de la production par unité de surface. En se substituant progressivement au bétail, la bananeraie finit par se passer de lui et des pâturages qui lui servaient de support. Par ailleurs, la complexification des associations de cultures sur les versants et la multiplication des cycles de culture dans les anciens marais autorisent une gestion des plus serrées de la ressource et une économie considérable d'espace.

L'exemple du Burundi illustre bien comment la reconstitution des différents systèmes agraires qui se sont succédé dans cette région et l'utilisation du concept de « révolution agricole » pour caractériser et interpréter les bouleversements qui ont permis le passage de l'un à l'autre, permettent d'aborder la question de l'équilibre population/ressources en dépassant le trop simple débat entre partisans des thèses néomalthusiennes et ceux qui se réfèrent au modèle mis en avant en son temps par Boserup (*supra et encadré 3*).

Il en est de même au sud Mali, dans ce qu'il est convenu d'appeler les « zones cotonnières ». Accroissement démographique et extension des cultures n'ont pas suivi le chemin attendu de diminution du temps de friche (jachère) et d'accélération de la culture sur brûlis, avec le cortège de conséquences néfastes souvent dénoncées dans pareille évolution. Les transformations en cours, d'une tout autre nature, peuvent là aussi être interprétées en termes de révolution agricole et, dès lors, mieux comprises. Bien au-delà des champs « de case », jardins cultivés en continu depuis longtemps, de nouveaux espaces, anciennement intégrés à la succession culture sur brûlis/friche (« jachère » arbustive puis arborée) sont désormais cultivés eux aussi chaque année, tandis que les espaces les moins favorables du finage villageois (plateaux cuirassés et pentes notamment), également soumis à la culture périodique sur brûlis dans le passé, sont désormais dévolus au pâturage. La différenciation d'un véritable *ager* et celle d'un *saltus* pourvoyeur de fourrage s'est ici accompagnée d'un développement de l'élevage et des transferts de fertilité au profit de l'*ager* grâce à la généralisation de la technique du compost, elle-même permise par le développement du transport attelé. L'intervention des pouvoirs publics fut ici essentielle, notamment dans le cadre de la vulgarisation et de la subvention d'équipements nouveaux (traction attelée) pour la culture cotonnière, mais les transformations en cours de ce système agraire dépassent de loin l'impact *sensu stricto* des opérations cotonnières (Bainville et Dufumier, 2007).

Révolutions vertes

Par « révolution verte », on désigne habituellement les progrès réalisés à partir des années 1960 et 1970 dans le secteur agricole de certains pays du Sud (Nord-Est du Mexique, Pendjab indien…), processus basé sur l'utilisation de variétés (riz, maïs, blé) à plus haut rendement potentiel, sur celle des engrais de synthèse et des pesticides, ainsi que sur l'irrigation dans un contexte de forte intervention de l'État en matière agricole. Fortement encouragées – et financées – par des fondations privées et les gouvernements du Nord, notamment le « camp occidental » qui y voyaient, dans le contexte de la guerre froide, un rempart contre les révolutions rouges, les révolutions vertes ont surtout été imposées du sommet, comme autant de paquets techniques proposés aux agriculteurs. Lorsque l'ensemble des conditions nécessaires à l'extériorisation du potentiel de rendement des nouvelles variétés étaient réunies, le résultat en fut souvent un important progrès des rendements (Dufumier, 2004 ; Cheyroux, 2005 ; Devienne, 2006). La progression de la productivité du travail a souvent été plus modeste : une motorisation partielle des tâches y fut parfois développée (motoculteurs, batteuses), mais le processus productif restait pour partie basé sur l'énergie humaine et l'énergie animale. Lorsque les nouveaux moyens de production issus de la « révolution verte » ont pu être acquis par une très large frange de la paysannerie, parce qu'un accès partagé à la terre et à l'eau d'irrigation avait été préalablement acquis, notamment dans le cadre de la réforme agraire, de véritables processus de développement ont pu émerger et s'apparenter, alors, à de véritables révolutions agricoles.

Mais là où les mêmes paquets techniques ont été vulgarisés, souvent de façon autoritaire et dans un contexte de grandes inégalités quant à l'accès aux ressources productives, générant alors un accroissement significatif des inégalités autant que l'exclusion de larges pans de la population rurale, les gains de rendement obtenus, au demeurant beaucoup plus modestes, et les changements survenus au sein de ces sociétés rurales peuvent-ils être qualifiés de « révolution agricole » ?

Par ailleurs, cette « révolution verte » est restée inaccessible à la paysannerie dont les conditions de culture ne pouvaient pas être artificialisées ni homogénéisées conformément aux exigences des nouvelles variétés, notamment dans les régions d'agriculture pluviale (Dufumier, 2004). Elle a par ailleurs contribué de manière décisive, tout comme la révolution agricole contemporaine en Europe et aux États-Unis, à la généralisation de paquets techniques simples et standards, basés sur un très petit nombre d'espèces conduites en culture pure et en faisant appel à des doses croissantes d'engrais de synthèse et de pesticides, au détriment des systèmes généralement plus complexes et faisant largement appel aux fonctions « écosystémiques », qui prévalaient jusqu'alors.

Tout bouleversement agricole n'est pas « révolution agricole »

A contrario, on pourrait donner des exemples de transformations qui ne constituent nullement une « révolution agricole » nonobstant leur ampleur et leurs conséquences. Ainsi en est-il par exemple des transformations ayant accompagné la « découverte » du nouveau monde : introduction de nouveau matériel végétal et animal (blé, orge, fève, ovins, bovins, caprins, équins et porcins), d'un système d'outillage entièrement nouveau (houe et pioche en fer, araire et joug, roue…), d'un rapport de l'homme à la terre entièrement nouveau (propriété privée), de relations marchandes inédites… Tout aurait pu concourir à l'avènement d'une spectaculaire révolution agricole. Il n'en fut rien : il faudra deux ou trois siècles pour que les paysanneries andines, centraméricaines ou mexicaines, une fraction seulement, fassent leur ce nouvel héritage et en tirent un minimum de bien-être après avoir vécu la pire crise agraire, politique et démographique qu'ait sans doute connue l'humanité… Qui parlerait de révolution agricole pour décrire un tel processus ? Qui en parlerait pour décrire le développement chaotique de l'économie de plantation en Afrique, sous forme de grands domaines à l'époque coloniale, à la suite de spectaculaires et destructeurs fronts pionniers ensuite, ou pour décrire les processus actuels d'acquisition d'actifs agricoles par des investisseurs publics ou privés dans les pays du Sud et de l'ancienne Union soviétique ?

Les « véritables » révolutions agricoles seraient-elles d'abord des processus internes, endogènes, intégrant des apports exogènes, mais uniquement dans la mesure où leur assimilation vient renforcer quelque chose, ou combler un manque, cristallisant des forces nouvelles dans un ensemble de conditions favorables enfin réunies ? Bref, un fantastique processus de développement agricole *autocentré*, jamais imposé de l'extérieur, et au cours duquel une fraction non négligeable de la population, majoritaire, verrait son niveau de vie s'accroître ? Et *a contrario*, la mise en contact brutale de deux civilisations agraires, la mise en dépendance ou le refoulement de l'une par l'autre, l'imposition plus ou moins autoritaire de nouveaux moyens de production, de nouvelles façons de faire et façons de penser, ne constituent-elles pas la négation même du concept de révolution agricole ? Si les transformations du système agraire, aussi profondes soient-elles, ne permettent pas un accroissement de la production de nourriture, une élévation de la densité de population permise et/ou de son bien-être, un partage au moins partiel de la croissance, bref un progrès décisif et durable, peut-on parler de révolution agricole ?[3]

CRISE AGRICOLE, CRISE DU SYSTÈME AGRAIRE

La crise d'une agriculture, celle d'un système agraire, c'est d'abord l'accumulation de tensions, de blocages et de freins de différentes sortes et/ou l'apparition de contradictions majeures qui finissent par remettre en cause le processus d'accumulation en cours, ses modes de régulations, les rapports sociaux qui en soustendaient le développement, parfois même la société tout entière dans son existence même. Mais les crises peuvent être de diverses natures, résulter de processus différents et doivent donc être analysées en conséquence. On peut citer les exemples suivants.

Des crises se manifestant par une dégradation irréversible de l'environnement

On pourrait regrouper dans une première catégorie les crises agraires qui, au cours de périodes historiques anciennes, ont abouti à la destruction complète et définitive des sociétés en question : le système agraire hydraulique de la région de Marib (piémont yéménite à l'époque de l'empire de Saba), le système agraire de la civilisation maya classique des basses terres du Yucatán (Mexique) et du Petén (Guatemala) qui combinait des systèmes de culture sur abattis-brûlis avec d'ingénieux jardins irrigués, le système agraire du royaume d'Axum, dans l'actuelle Éthiopie du Nord basé sur la céréaliculture à l'araire, ou celui de l'Île de Pâques dont l'effondrement a été récemment vulgarisé par J. Diamond (2006)... autant de systèmes agraires dont la crise sans retour se manifesta d'abord par une dégradation irréversible de l'environnement (déforestation du Yucatán et du Petén vers le

---

3. De ce point de vue là, la révolution agricole anglaise, la première à avoir été désignée ainsi, en est-elle vraiment une, si l'on mesure le phénomène de concentration des ressources qu'elle a rendu possible et l'ampleur des phénomènes d'exclusion qu'elle a provoqués ?

Xe siècle, péjoration climatique des plateaux du Tigré vers le VIIe et VIIIe siècles de notre ère, inondations et destruction des infrastructures hydrauliques au Yémen au VIIe siècle), même si les causes profondes de ces cataclysmes, encore mal connues, laissent à penser que les « facteurs environnementaux » ne sont bien sûr pas les seuls en cause… De même, la crise des systèmes agraires forestiers basés sur la culture sur abattis-brûlis est souvent inéluctable quand la densité démographique dépasse le niveau permis par la vitesse de reconstitution de la biomasse au cours des périodes séparant deux phases de mise en culture temporaire. Plus près de nous, l'assèchement de la mer d'Aral constitutif à l'exploitation sans mesure des eaux des fleuves qui s'y jetaient, nous rappelle avec force que ce genre de crise agraire peut être d'une redoutable actualité, tout comme les conséquences possibles du réchauffement climatique sur les espaces ruraux les plus vulnérables.

Les crises endogènes

Un autre type de crise agraire peut être identifié lorsque l'expansion spatiale, et à l'identique, d'un système agraire butte sur des limites physiques, géographiques, territoriales, et que ce coup d'arrêt à sa « reproduction à l'identique » révèle des tensions nouvelles relatives à l'appropriation des ressources et à leur exploitation, provoque des tiraillements au point de remettre en question l'édifice social tout entier. Par exemple, le nouveau système agraire de l'Europe du Nord-Ouest, issu de la révolution agricole du Moyen Âge et basé sur la culture céréalière à jachère et l'association agriculture-élevage (pâturage du *saltus*, prés de fauche…) atteint plusieurs fois ses limites, le croît démographique étant à plusieurs reprises anéanti par les famines et les épidémies à chaque franchissement du plafond démographique, de la capacité démographique limite du système agraire (Mazoyer et Roudart, 1997a). Le système butte sur ses limites, infranchissables sans transformations profondes à la fois techniques, sociales, politiques, bref, sans qu'un nouveau système agraire, plus performant que le précédent, ne se mette en place. Même chose dans l'exemple burundais cité plus haut (*encadré 3*). Victime de son efficacité, le système agraire à deux saisons de culture, issu de la révolution agricole des XVIIe et XVIIIe siècles, a finalement fait le plein d'hommes et de bétail, au point que ses limites physiques furent finalement atteintes et dépassées. C'est bien la crise de ce système agraire, à la fois révélée et déclenchée par la peste bovine de la fin du XIXe siècle qui ouvre les cinquante années de crise agraire qu'il a fallu endurer jusqu'au milieu des années 1940. Et bien que les éléments d'un système agraire entièrement neuf se mettent déjà en place depuis le début du siècle, il faudra attendre les années 1950 et de nouvelles conditions politiques, pour connaître véritablement une sortie de crise, par le haut. Dans ces deux exemples, il s'agit donc là de crises « endogènes », crises d'un mode d'exploitation du milieu atteignant ses limites, d'un ordre ancien qu'il devient impossible de prolonger, et crise de légitimité des rapports sociaux et institutions qui en formaient le ciment.

Les crises « externes »

Un troisième type de crise agraire est manifestement déclenché par des « facteurs externes ». La destruction des systèmes agraires préhispaniques au Mexique et dans les pays andins en constitue un exemple caractéristique. Un autre exemple est donné par la destruction des systèmes agraires de polyculture-élevage à traction attelée qui s'étaient développés dans certaines régions de l'Afrique du Sud, destruction véritablement planifiée par les pouvoirs publics dans le cadre de l'*apartheid*. Enfin, la mise en concurrence de paysanneries très inégalement dotées en moyens de production et la chute des prix relatifs de leurs produits ont plongé nombre de paysanneries du Tiers Monde dans une crise de plus en plus profonde… Parfois encore, c'est l'occupation rapide et massive d'une fraction importante du territoire par des producteurs venus d'ailleurs qui provoque ou amplifie la crise des systèmes agraires. En restreignant brutalement l'espace de reproduction de la biomasse forestière et donc la durée de la friche arborée, les plantations pérennes (coloniales ou contemporaines) en Afrique forestière, ou le développement de l'élevage bovin extensif sur les fronts pionniers de l'Amérique intertropicale, fournissent un exemple de ces processus générateurs de crise. Nul doute que le mouvement aujourd'hui en marche de prise de contrôle de vastes terres agricoles par des investisseurs étrangers dans de nombreux pays du Sud est aussi susceptible, dans la mesure où les terres convoitées sont le plus souvent occupées, de générer de très graves problèmes dans les années et décennies à venir.

Des crises « politiques » ?

Dans d'autres situations, des éléments viennent perturber ou freiner l'approfondissement des transformations en cours, empêcher le développement du système agraire, entraver son extension et lui interdire d'employer à pleine capacité ses moyens techniques biologiques et humains. Par exemple, ce qui fait aujourd'hui obstacle à la poursuite des progrès de l'agriculture au Burundi ne relève nullement du dépassement d'un plafond démographique imposé par les capacités productives du système agraire, ni même de la concurrence imposée par des régions ou pays plus productifs. Les causes de la crise ne sont pas non plus à rechercher dans les pratiques paysannes elles-mêmes, malgré leur dénonciation répétée par les services de vulgarisation et les pouvoirs publics. En revanche, le processus d'intensification en cours (*encadré 3*) et pour lequel des marges d'approfondissement existent encore, est aujourd'hui ralenti et entravé de mille manières : détournement massif de biomasse au profit exclusif de la caféiculture *via* le paillage obligatoire[4], pénurie de moyens de production, système de prix relatifs qui rend inaccessibles engrais et produits phytosanitaires, atteintes répétées et massives à la sécurité de la tenure, autant d'obstacles qui rendent de plus en plus difficiles la poursuite et l'approfondissement

---

4. Le paillage consiste à étaler chaque année sur les parcelles de caféiers une épaisse couche de matière organique fraîche (*mulch*) que l'agriculteur doit se procurer où il le peut, généralement sur les autres parcelles de son unité de production (résidus de culture, feuilles et troncs de bananiers, herbes fauchées, etc.).

des dynamiques d'intensification en cours depuis les années 1950. C'est bien davantage les conditions dans lesquelles les producteurs se trouvent aujourd'hui intégrés aux échanges marchands et les rapports État/paysannerie dans lesquels ils sont impliqués qui limitent aujourd'hui les progrès du système agraire burundais.

Un changement brutal de politique économique peut aussi être à l'origine de véritables crises agraires. Les politiques d'ajustement structurel qui furent imposées par les bailleurs de fonds aux pays en voie de développement dans les années 1980 pourraient illustrer ce propos : démantèlement des outils de régulation des marchés, suppression des subventions aux intrants et des crédits d'équipement, renversement de l'équilibre des prix relatifs. Nombreux sont les systèmes agraires qui furent fragilisés par ces changements politiques au point d'être parfois plongés dans une crise profonde, étant entendu que, dans ce cas, d'autres facteurs étaient aussi fréquemment à l'œuvre pour aiguiser la crise.

Des crises multiformes ?

Enfin, certaines crises multiformes peuvent résulter de plusieurs dynamiques convergentes : l'exemple de la crise politique qui a secoué la Côte d'Ivoire au début des années 2000, dont le volet agraire est absolument central, est éloquent à ce sujet. Premier producteur mondial de cacao et fournisseur, à elle seule, de la moitié de la production mondiale, la Côte d'Ivoire doit ce développement spectaculaire, et son boom économique des années 1960, 1970 et 1980, à la mise en mouvement d'un véritable front pionnier cacaoyer qui, en quelques décennies, a balayé d'est en ouest et du nord au sud toute la Côte d'Ivoire anciennement forestière. Cette dynamique de plantations a été rendue possible par la conjonction de trois séries de conditions favorables : tout d'abord l'existence d'un vaste massif forestier, encore largement sauvegardé jusque dans les années 1950 et qui constituait un excellent « précédent cultural » pour la mise en place des plantations de cacao ; ensuite, un apport de main-d'œuvre considérable grâce au déclenchement d'un vaste mouvement de migrations paysannes originaires des régions septentrionales de la Côte d'Ivoire puis des pays voisins, et permettant l'essor des plantations ; enfin, la mise en place d'une politique agricole et migratoire particulièrement incitative (« la terre à celui qui plante », subventions à l'investissement, prix garantis et relativement stables). La dynamique de ce front pionnier s'explique par le cycle de la production cacaoyère qui à une phase de croissance rapide de la production des plantations voit se succéder une phase de vieillissement et de crise rendant nécessaire l'installation de nouvelles plantations au détriment de nouveaux massifs forestiers. Mais que la « rente différentielle forêt[5] » ne vienne à s'épuiser (déforestation massive), que les attaques parasitaires ne viennent à se multiplier (au rythme de la densification et du vieillissement des plantations), que la rémunération des planteurs ne vienne à fléchir sous la double influence de l'accroissement des coûts et de la baisse des cours mondiaux et vole en éclat le consensus économique, social et politico-ethnique qui avait été à la base de ce spectaculaire développement.

---

5. Voir à ce sujet, F. Ruf (1995).

La crise traversée par le secteur agricole d'un pays comme l'Ukraine pendant la décennie des années 1990, au lendemain de la chute de l'Union soviétique, fut aussi multiforme : l'effondrement politique d'un système, mais aussi l'interruption brutale des filières d'approvisionnement et de certaines filières d'écoulement des produits provoquée par la toute nouvelle indépendance du pays, les contradictions et blocages à la fois sociaux et économiques accumulés au sein même des kolkhozes et des sovkhozes hérités de l'ancien régime, leur décapitalisation brutale et l'abandon rapide des productions animales, l'effondrement de l'emploi dans les campagnes, etc.

AGRICULTURE COMPARÉE, « CRISES » ET « RÉVOLUTIONS » AGRICOLES

Au terme de cette ébauche de typologie, on voit que les crises agraires peuvent être très différentes de nature. Leur identification et leur étude approfondie est indispensable à la compréhension des systèmes agraires eux-mêmes. La recherche et l'identification des crises et des transformations agraires, éventuellement érigées en *révolution agricole* sont indissociables de la recherche sur les systèmes agraires elle-même. Si l'utilisation du concept même de système agraire impose, d'une certaine façon, de faire un arrêt sur image pour décrire, à une période donnée de son histoire, la structure et le fonctionnement du système agraire, même si c'est sa dynamique interne qui est *in fine* recherchée, l'analyse des périodes de transition, laps de temps pendant lesquels se mettent en place les transformations qui vont donner naissance à un autre système agraire, lui est dialectiquement liée. Alors que les transformations sont difficiles à mettre en évidence sans disposer, à titre d'hypothèses au moins, d'un *état initial* et d'un *état final*, à l'inverse c'est la compréhension du changement qui permet de mieux comprendre les différents états successifs de la société étudiée. En outre, les systèmes agraires ne peuvent pas être considérés comme des structures *stables* et les transformations agraires comme autant de cheminements possibles pour passer de l'un à l'autre ; les dynamiques internes, combinées ou non à des facteurs/dynamiques externes peuvent « miner » le système, provoquer une rupture majeure et entraîner la mise en place d'un nouveau système agraire.

Ainsi, dans la complexité et la diversité de ces processus historiques, l'agriculture comparée s'attache à mettre en évidence l'articulation entre les rémanences des systèmes agraires anciens et les éléments des structures nouvelles qui apparaissent : repérer les continuités et les permanences, les discontinuités et les ruptures, bref construire une périodisation susceptible de rendre intelligible l'évolution du secteur agricole d'une société.

Faire de la notion de « crise » agricole ou agraire un objet de connaissance en tant que tel est lourd de sens. Car c'est reconnaître que le « développement agricole » ne constitue nullement un « long fleuve tranquille » ou seulement ponctué de rapides provoqués par des phases plus affirmées de progrès techniques. C'est affirmer le caractère contradictoire, différencié, du développement et prendre la mesure des ruptures et continuités qui le constituent :

> Prendre les crises au sérieux et en faire un objet de connaissance, c'est battre en brèche le postulat d'universalité et d'indifférence des prétendues lois économiques

à l'égard des formes de contrôle social, sources inépuisables de conflits entre les groupes humains ; c'est affirmer que les systèmes sociaux ont une histoire et que cette histoire est signifiante, c'est-à-dire qu'elle rend compte non seulement des modes de cohésion sociale existant dans les sociétés présentes, mais aussi de leur relativité et de leur fragilité (Aglietta, 1981).

Par cette prise en compte de l'historicité des processus de développement agricole, par son appel à d'autres sciences sociales (histoire, géographie, économie, anthropologie des techniques…), par son souci, ensuite, d'identifier et de caractériser pour chaque système agraire ce qui s'apparente fort à *un régime d'accumulation* d'une part, à *un mode de régulation* d'autre part, par le fait, enfin, de construire pas à pas une théorie grâce à l'accumulation d'études *localisées* dans l'espace et dans le temps, l'agriculture comparée n'est pas sans présenter quelques analogies avec les développements, en sciences économiques, de l'école « régulationiste ».

COMPRENDRE LE CHANGEMENT DANS LA DURÉE
POUR MIEUX IDENTIFIER LES PROCESSUS À PROMOUVOIR

Au-delà du type de recherche évoqué dans les pages précédentes et portant sur les processus de crises et de changements sur la longue durée, les recherches historiques en agriculture comparée permettent aussi de porter un regard différent sur certaines situations contemporaines et d'identifier les véritables points de blocage ou de crispation qui aujourd'hui entravent un développement plus « durable » de l'agriculture.

Dans ce cas, l'approche diachronique se révèle brusquement opérationnelle et la recherche plus *finalisée* qu'il n'y paraît. Dans le cas du Burundi évoqué plus haut (*encadré 3* et « Crise agricole, crise du système agraire » p. 74), l'analyse approfondie de la révolution agricole des années 1950-1980, permet de jeter un regard neuf sur les politiques agricoles menées dans ce pays et les nombreux projets de développement qu'elles ont inspirés. Il s'agissait partout d'encourager les agriculteurs à renoncer à leur complexe culture associée au profit de la culture pure alors même qu'elle résultait d'un remarquable processus d'intensification « écologique », particulièrement sobre en matière d'intrants chimiques et reposant presque exclusivement sur les processus biologiques et un travail minutieux. Ce mode d'intensification avait pourtant fait ses preuves mais était dénoncé à grand cri par les agronomes, porteurs du dogme de la culture pure. Une évaluation rigoureuse de ces politiques et des projets allant de pair permettait alors de repenser la politique agricole future de ce pays sur d'autres bases (Cochet, 2001).

L'Afrique du Sud post-*apartheid* fournit un autre exemple illustrant bien à quel point la mise en place, ou la réforme, d'une politique agricole ne peut pas être conduite sans une connaissance fine des processus historiques ayant abouti à la situation du moment. Dans l'ancien Bantoustan du Ciskei par exemple, très densément peuplé et parsemé de gros villages, issus des politiques de l'*apartheid*, la première impression qui ressortait de l'observation de cette région à la fin des années 1990 était celle d'un paysage très peu cultivé, largement abandonné au *bush* et apparemment fort peu artificialisé. On y observait surtout un peu d'élevage sur parcours, des traces d'érosion nombreuses malgré une reprise spectaculaire de la végétation ligneuse, quelques manifestations d'agriculture ici et là. Cette agriculture, ou ce qu'il en reste, est difficile à comprendre parce qu'elle résulte d'une histoire particulièrement chahutée où les déplacements de population, plus ou moins forcés et en tous sens, ont été particulièrement nombreux. Alors que chercheurs, universitaires et agents de développement s'interrogeaient sur l'avenir de la région et sur les conditions d'une redynamisation de cette agriculture « noire », nous soulignions l'importance d'une recherche visant à identifier et à comprendre les mécanismes anciens qui avaient conduit à l'abandon massif des activités agricoles (Cochet, 1998). En effet, dans les années 1950 et 1960, on avait affaire à un système agraire apparemment complexe, encore bien « vivant » malgré les perturbations dont il avait déjà été l'objet et où élevage et agriculture étaient fortement associés. Les discussions menées avec des personnes âgées du village de Twecu, sur le lieu même de leur ancien site d'habitat (avant regroupement forcé), ont permis de retrouver, en filigrane, quelques éléments de ce système agraire : culture attelée avec rotations intensives et doubles récoltes annuelles sur les parcelles les plus favorables, fumure animale transportée en charrette vers les champs. Il en allait de même sur les jardins situés à proximité des habitations, clos de haies vives et/ou talus et murets de pierres et où étaient cultivées un grand nombre d'espèces légumières (*op. cit.*). Comment ce système agraire est-il mort, au point que la friche domine aujourd'hui le paysage tandis que les densités démographiques rurales sont plus élevées que jamais ? Comment orienter les recherches de ceux qui, aujourd'hui, souhaiteraient voir « revitaliser » cette agriculture ? Reconstituer l'histoire agraire de cette région constituait bien la plus urgente des tâches à accomplir.

Les politiques menées en matière de lutte contre la culture sur abattis brûlis dans de nombreux pays de la zone intertropicale ont parfois des effets tout à fait contraires à ceux espérés, précisément parce que ce type de mode d'exploitation du milieu est bien souvent jugé – et disqualifié – sans avoir été vraiment étudié ni compris dans la longue durée. Olivier Ducourtieux met en lumière cet acharnement des pouvoirs publics à éradiquer cette forme d'exploitation du milieu, acharnement qui repose sur une méconnaissance profonde des pratiques paysannes et de leurs logiques et sur un petit nombre d'idées simplistes développées aujourd'hui comme à l'époque coloniale. Il décrit les effets parfois catastrophiques de ces politiques, notamment au Nord-Laos : accélération de la rotation et dégradation accrue des écosystèmes, paupérisation des populations et déplacements forcés (Ducourtieux, 2005 ; 2010 ; Sacklokham et Dufumier, 2006).

Cet appel à l'histoire ne traduit pas une conception qui ferait simplement de l'histoire « un outil de plus dans la trousse de l'expert en développement »[6]. L'approche historique permet de positionner l'intervention du praticien dans le processus sur lequel il essaie d'intervenir. Il faut sans cesse « consolider l'idée que personne ne part de zéro, qu'il n'y a pas de table rase ; les décideurs économiques ne se trouvent jamais au début, mais toujours au milieu d'une série d'événements dont chacun découle de tous ceux qui l'ont précédé » (*op. cit.*).

---

6. L'expression est de Philippe Couty dans *Le temps, l'histoire et le planificateur*, 1981.

Chapitre 5

Comparer les processus productifs à l'échelle mondiale

ÉCARTS DE PRODUCTIVITÉ À L'ÉCHELLE MONDIALE ET CONSÉQUENCES SUR LE DÉVELOPPEMENT

La mondialisation croissante des échanges et la mise en concurrence de plus en plus immédiate des agriculteurs rendent plus nécessaire que jamais l'approche comparée, à l'échelle mondiale, des processus de production, des productivités et des revenus.

Sur ce point, on se souviendra que c'est encore Dumont qui développera dans ces travaux de l'après guerre les premières comparaisons minutieuses de la productivité brute des agricultures, exprimée en kilogramme de céréales par jour de travail[1]. Dumont devinait déjà à quel point la mise en évidence de ces écarts allait se révéler primordiale pour comprendre et anticiper les évolutions futures de l'agriculture à l'échelle mondiale.

À la suite de Dumont, M. Mazoyer a ensuite éclairé d'un jour nouveau, grâce à cette approche comparée des systèmes agraires, les causes profondes de la crise que connaissent aujourd'hui un grand nombre d'agricultures du monde. Pour la fin du XIXe siècle et le début du XXe, et malgré l'extraordinaire diversité de situation de part de monde, M. Mazoyer soulignait que les écarts de productivité atteints dans les différents systèmes agraires de l'époque étaient encore très modérés. Entre les agricultures manuelles de subsistance qui prédominaient largement et celles, déjà bien équipées grâce à la mécanisation de la culture attelée en Europe de l'Ouest et aux États-Unis, la productivité nette, estimée en équivalent céréales par travailleurs s'établissait dans un rapport de 1 à 10, tout au plus. Ces écarts, en termes de productivité nette par travailleurs, se sont ensuite accrus de façon tout à fait considérable.

En Europe du Nord-Ouest et aux États-Unis, la motorisation puis l'augmentation rapide de la puissance des machines, l'accroissement considérable des quantités utilisées de produits de synthèse (engrais minéraux et produits de traitement), l'adaptation des cultures à ces nouveaux moyens de production par l'amélioration génétique, ont permis, depuis la fin de la seconde guerre mondiale, un accroissement sans précédent des rendements et plus encore de la productivité du travail (Mazoyer, 1987 ; 1989). Mazoyer démontrait alors, dès le début des années 1980, que par rapport à ces niveaux de productivité alors atteints en grandes

---

1. Comparaisons retranscrites notamment dans *Économie agricole dans le monde* (1954).

cultures dans les bassins céréaliers de ces pays, la céréaliculture manuelle ou conduite en culture attelée, largement majoritaire dans la plupart des pays en voie de développement, était caractérisée par une productivité du travail cinq cent fois inférieure, ce qui, dans le contexte de la libéralisation entreprise à marche rapide à cette époque, condamnait ces agricultures à une crise certaine. L'ajustement structurel était en marche, imposant l'ouverture des frontières aux produits du Nord et la réduction drastique de l'intervention des pouvoirs publics, notamment dans le domaine des prix. Mazoyer insistait aussi sur les conséquences considérables de ce processus d'exclusion des paysanneries les moins bien équipées, sur l'explosion du chômage à l'échelle mondiale, le niveau des salaires de base dans les pays en voie de développement et sur l'émergence d'une considérable demande non solvable dans ces pays.

Loin de démentir les analyses de Mazoyer formulées dans les années 1980, la situation agricole mondiale de la première décennie du XXIe siècle confirme encore ces tendances. Sophie Devienne (2002) a démontré en effet que les agriculteurs les mieux équipés du *corn belt* américain peuvent cultiver aujourd'hui 450 hectares de maïs-soja par actif, à l'aide de tracteurs très puissants, de semoirs et moissonneuses-batteuses de très grande largeur et en simplifiant les techniques culturales grâce à l'emploi de variétés génétiquement modifiées. Avec des rendements de 100 quintaux par hectare pour le maïs et de 35 pour le soja, un travailleur peut à lui seul produire 22 500 quintaux de maïs et près de 8 000 quintaux de soja par an.

Face à ces niveaux de production par actif extrêmement élevés, les agriculteurs de la zone sahélienne, placés dans des conditions de sols et de climats parmi les plus défavorables du monde, ne peuvent pas escompter produire la quantité minimale de grains qui serait nécessaire à l'alimentation de leur famille. Dans le nord du Burkina Faso, par exemple, les agriculteurs, seulement équipés de houes et d'instruments de sarclage tels que l'iler[2], ne peuvent pas mettre en culture plus de 0,6 ou 0,7 hectare par actif, compte tenu de la faible durée de la saison des pluies (4 mois) et de l'impérieuse nécessité de hâter les semis pour ne pas retarder le cycle agricole (Guillaud, 1993). Avec des rendements extrêmement faibles dépassant rarement les trois quintaux à l'hectare dans ces sols peu fertiles, un actif agricole ne peut guère produire plus de 200 kg de céréales par année de culture, soit à peine le nécessaire pour se nourrir lui-même. Les greniers étant vides au bout de quelques mois, c'est la vente du bétail qui permet de réunir le pécule nécessaire à l'achat de vivre et à l'attente de la récolte à venir.

Dans une unité de production familiale des hauts plateaux du nord de l'Éthiopie, les rendements obtenus (déduction faite des semences nécessaires au cycle suivant) sont de l'ordre de 2 à 6 quintaux par hectare pour des céréales comme le blé ou l'orge, de 3 à 4 pour le teff, la céréale éthiopienne, et de 2 à 4 quintaux par hectare pour les légumineuses comme le pois chiche ou la lentille. Pour un agriculteur relativement bien doté car équipé, cette fois-ci, d'un attelage complet

---

2. Outil poussé devant le travailleur, à long manche et muni d'une lame métallique en forme de croissant permettant de couper, à faible profondeur, les racines des mauvaises herbes.

(un araire + joug et une paire de bœufs), la surface maximale qui peut être mise en culture chaque année ne dépasse pas les six hectares. En considérant qu'il met en place des rotations culturales laissant à peu près part égale au blé et à l'orge d'une part, au teff d'autre part et enfin aux légumineuses, la production obtenue (nette de semences) ne peut excéder, dans les meilleures conditions, une douzaine de quintaux de blé ou orge, 8 de teff et autant de pois chiche ou de lentille, soit l'équivalent d'à peine trois tonnes de céréales par actif et par an (Cochet, 2005). La traction attelée autorise ainsi, pour ceux qui disposent d'un équipement complet et de terre en quantité suffisante, un progrès sensible de la productivité, progrès qui serait plus net encore dans des conditions moins contraignantes que celle des plateaux du nord de l'Éthiopie.

Les écarts de production brute par travailleur seraient donc aujourd'hui encore plus considérables : l'agriculteur du corn-belt américain serait en mesure de produire 10 000 fois plus de nourriture que son collègue africain situé dans les pires conditions et seulement doté d'outils manuels, 1 000 fois plus qu'un agriculteur africain pourtant muni d'un attelage…

Bien sûr, il ne s'agit pas là de productivité car la mise en place et le fonctionnement de ces systèmes de production à très haut niveau d'équipement et de consommation d'intrants coûtent cher. Mais l'écart de productivité qui sépare les paysans africains de leurs collègues nord-américains est de toute façon immense, de l'ordre de 1 à 500 pour ceux ayant accès à la culture attelée, plutôt de l'ordre de 1 à 2 000 ou 3 000 pour ceux travaillant avec des outils manuels. L'ensemble de ces producteurs est pourtant directement mis en concurrence sur un même marché mondial dont les prix sont dictés par les agricultures les plus productives et d'autant plus déprimés par les subventions publiques versées aux agriculteurs du Nord.

Cet exemple numérique[3], pour simplifié qu'il soit, montre aussi l'ampleur des enjeux d'une réflexion en termes de développement pour un continent comme l'Afrique. Comment l'agriculture africaine pourrait-elle survivre à une telle inégalité des chances, continuer à nourrir des villes approvisionnées à très bas prix par le déversement des surplus mondiaux de céréales – parfois sous forme d'aide alimentaire –, se doter de matériel plus performant, reconquérir des parts de marchés et se développer ? Et comment pourrait-elle rester confinée aux cultures moins concurrencées par les pays du Nord comme le café ou le cacao qui bénéficient, dit-on, d'un « avantage comparatif » quand l'évolution de leurs prix suit le même chemin et que les substituts commencent à occuper des parts significatives dans les entreprises de transformation (graisses végétales dans l'industrie chocolatière, arômes artificiels…) ?

Alors que les pays en voie de développement ont été fortement incités, à partir des années 1980, à spécialiser leurs agricultures dans les productions tropicales dont le Nord avait besoin (café, thé cacao, fruits tropicaux, etc.) et délaissé ainsi leurs

---

3. De telles comparaisons pourraient être élargies à d'autres cultures, par exemple au cas du coton pour lequel les écarts de productivité sont tout aussi considérables entre les régions productrices des États-Unis et les zones cotonnières d'Afrique de l'Ouest (Dufumier, 2004).

secteurs vivriers qui ne pouvaient supporter la concurrence des productions céréalières des pays du Nord, les investisseurs des pays du Nord viennent aujourd'hui y développer de vastes exploitations spécialisées dans la production des mêmes grains (céréales et oléagineux) précisément en lieu et place des systèmes vivriers que leur concurrence avait éliminée, au nom des avantages comparatifs détenus en la matière par les pays du Nord.

QUELLES FORMES D'AGRICULTURE PROMOUVOIR ?

De nombreux plaidoyers « pour » l'agriculture dite « familiale » ont vu le jour ces dernières années, émanant tout autant de groupes militants (le réseau *via campesina*, par exemple, au niveau mondial), d'instituts de recherche (le Cirad, notamment pour le salon international de l'agriculture en 2005), de groupes de pays dans le cadre des négociations internationales (Europe, Japon, Suisse, en soulignant la multifonctionnalité de cette agriculture familiale) ou même d'organisation internationale comme la Banque mondiale qui découvre ses vertus, notamment en matière de lutte contre la pauvreté dans le cadre des objectifs du millénaire…, mais aussi dans sa capacité productive et de création d'emplois[4].

D'ailleurs, l'exploitation agricole familiale a souvent fini par s'imposer tout au long de la deuxième moitié du XXe siècle, en supplantant progressivement les exploitations de très grande taille et basées sur des rapports sociaux différents : régression de la très grande propriété de type latifundiaire au sud de l'Europe et en Amérique Latine (réformes agraires, morcellement par héritage, vente par morceau), faillite des plantations coloniales et triomphe du petit planteur (en Côte d'Ivoire, par exemple), démantèlement des coopératives et fermes d'État dans de nombreux pays de l'ancien bloc soviétique ou dépendant de ce dernier, etc. Quant à l'Europe de l'Ouest, alors que Karl Marx prévoyait, à la fin du XIXe siècle, la disparition programmée du « mode de production paysan » et l'avènement de la grande exploitation capitaliste à salariés, c'est, là aussi, l'exploitation agricole familiale qui a imposé sa loi, y compris dans de larges secteurs de l'agriculture nord-américaine[5]. La révolution agricole contemporaine et les formidables gains de productivité qu'elle a permis a surtout été menée à bien par des exploitations agricoles familiales, l'accroissement sans précédent du niveau de capital des exploitations (et du capital possédé en propre par les agriculteurs) n'en ayant pas fait pour autant des exploitations « capitalistes », bien au contraire.

D'un point de vue strictement économique, rappelons que, parmi les raisons de son efficacité historique et de sa résilience, figure en bonne place le caractère très particulier de la relation Terre/Capital/Travail, dans laquelle, au contraire du modèle proposé en son temps par Marx, (1) le capital n'est pas rémunéré au taux d'intérêt moyen, (2) le travail, essentiellement familial, est fréquemment sous-rémunéré ou en tout cas à un niveau inférieur au salaire horaire moyen et (3) la terre, notamment lorsqu'elle appartient en propre à la famille n'est pas rémunérée

---

4. Dans le *Rapport sur le développement dans le monde*, analysé dans Mazoyer, Roudart et Mayaki (2008).

5. Où, contrairement à une idée solidement ancrée dans les esprits, la très grande majorité des unités de production est restée familiale, notamment dans le secteur des grandes cultures (Devienne, Bazin et Charvet, 2005).

au taux moyen de la rente foncière. Ainsi, le résultat économique du processus de production se traduit pour le producteur par l'obtention d'un revenu agricole, notion fort éloignée de celle du profit ou du taux de rentabilité des capitaux investis.

Dans de nombreuses situations, l'agriculture familiale a largement démontré son efficacité :
– en matière de création de richesse par unité de surface (valeur ajoutée nette/ha) grâce à des combinaisons de facteurs de production plus intensives, notamment en travail ;
– en matière de création et de maintien de l'emploi, ainsi que pour assurer le plein-emploi de la force de travail familiale sollicitée tout au long de l'année agricole par une diversité des tâches à accomplir au sein de systèmes de production souvent complexes et diversifiés ;
– en matière de productivité du travail, tant les autres formes de production se sont souvent illustrées par une faible efficacité dans ce domaine (latifundia, fermes d'État, coopératives de production) ;
– en matière, enfin, de gestion des agro-écosystèmes complexes grâce à la connaissance du milieu par les agriculteurs et leurs savoir-faire historiquement acquis.

Aujourd'hui, les préoccupations environnementales, le souhait de disposer d'une alimentation de meilleure qualité et plus sûre, conduisent à réaffirmer, en France par exemple, les vertus de l'agriculture familiale, agriculture qui serait ancrée dans un territoire, fournisseuse de produits de qualité, gestionnaire des écosystèmes, créatrice d'emplois et de revenus, participant d'un tissu rural vivant.

Bien que les accroissements considérables de productivité enregistrés dans le secteur agricole français depuis l'après-guerre soient en totalité imputables à l'agriculture « familiale », la question mérite d'être posée de savoir si ces accroissements de productivité n'ont pas atteint une sorte de plafond difficilement franchissable dans le cadre exclusif de cette agriculture « familiale ». Les évolutions technologiques récentes (robot de traite pour faire sauter le verrou de la traite dans les exploitations laitières, semis directs pour éviter certaines pointes de travail dans les exploitations de grandes cultures, GPS et agriculture dite « de précision » pour faire face aux difficultés croissantes de gestion de parcelles de plus en plus grandes, et donc de plus en plus hétérogènes, accroissement de la largeur de travail des engins et automatisation poussée) montrent que la poursuite des gains de productivité est encore possible dans le cadre du même « modèle » familial. Mais d'autres innovations, organisationnelles et sociales cette fois-ci (quoique toujours jumelées avec l'accroissement du capital), laissent à penser que d'autres gains potentiels de productivité pourraient désormais être situés ailleurs : « mise en commun » des troupeaux dans le cadre de « société civile laitière » pour rentabiliser une installation de traite et de gestion des effluents, formes sociétaires nouvelles, assolements collectifs gérés par l'intermédiaire d'une Cuma intégrale et de groupement d'employeurs, sociétés de production agricole totalement affranchies du contrôle permanent (*via* un bail ou un titre de propriété) sur le foncier[6], etc. Ces nouvelles formes institutionnelles ne sont pas sans remettre ouvertement en cause le

---

6. Autant de figures institutionnelles désormais reconnues par la loi d'orientation agricole de 2005-2006 (Cochet, 2008a).

modèle agricole « familial » à la française, fondement du consensus établi au début des années 1960 entre les agriculteurs et les pouvoirs publics.

Ailleurs dans le monde, la prise de contrôle d'importantes surfaces agricoles dans les pays du Sud et de l'ex-Union soviétique par des puissances étrangères publiques ou privées, mouvement déjà ancien, mais qui a pris une ampleur sans précédent depuis l'envolée des prix agricoles des années 2007-2008 est aussi de nature à remettre en question la prédominance future de l'exploitation familiale dans de nombreuses régions du monde. Tandis que certains gouvernements de pays très largement dépendants du marché mondial pour leur approvisionnement en nourriture et/ou agrocarburant, ont décidé de prendre en charge directement leur approvisionnement *offshore* sans passer par l'intermédiaire du marché mondial, des investisseurs privés y ont vu l'occasion de réaliser de considérables profits tout en diversifiant leur portefeuille d'activités.

Ce mouvement d'acquisition ou de contrôle à grande échelle de terres agricoles par des entreprises de grande taille, souvent étrangères, est un fait nouveau par son ampleur ; rien ne semble aujourd'hui en mesure de l'arrêter. Personne ne peut aujourd'hui mesurer les conséquences de ce phénomène ni même en quantifier le périmètre. Les interrogations soulevées par ces projets d'investissement en matière de risques politiques et sociaux (non transparences des transactions foncières, insuffisante prise en compte des modalités de gouvernance locale des ressources foncières et hydriques, éviction possible des populations locales) en matière de sécurité alimentaire (exportation de produits agricoles de base alors que la sécurité alimentaire des populations locales n'est pas assurée, substitution de cultures alimentaires par celles destinées à la production d'agrocarburants) et en matière de risques environnementaux (développement de système de culture faisant une large part à monoculture, utilisations massives d'intrants de synthèse et risques de pollution de sols et des eaux, diminution de la biodiversité) ont déjà donné lieu à la rédaction de nombreux rapports tant par certaines ONG que par des gouvernements ou organisations internationales. La question de leur efficacité économique mérite aussi d'être posée (*infra*, chap. 11).

Ces évolutions, dont on peut déceler les traces dans de très nombreuses régions du monde, révèlent une nouvelle relation capital/travail qui s'éloigne progressivement, et de plus en plus nettement, de la situation de l'agriculture familiale : une séparation progressive entre capital et travail, le détenteur de capital ne mettant plus du tout, ou de moins en moins, la main à la pâte tandis que le travailleur apporte de moins en moins de capital au processus de production même si c'est lui qui est détenteur du foncier impliqué dans le procès de production. Elles conduiraient donc à une perte d'autonomie, une perte de contrôle partielle ou totale du processus de production pour l'agriculteur partie prenante de cette agriculture contractuelle. Elle conduirait donc inexorablement à sa prolétarisation rapide, donnant ainsi raison avec plus d'un siècle de retard aux prévisions de Marx (et d'autres) même si la nature des relations sociales nouvelles qui se mettent en place aujourd'hui diffèrent de la relation ternaire définie à l'époque (propriétaire foncier, exploitant capitaliste et salarié agricole).

Il importe de signaler l'existence de « contre-exemple » pour lesquels la « libéralisation » et l'arrivée en force d'acteurs nouveaux (capitaux extérieurs à l'agriculture) ne se sont pas traduites dans les faits par ce type d'évolution. L'agriculture contractuelle développée dans les basses terres du Tesechoacan (Mexique), fournit un exemple où secteur privé et État sont intervenus conjointement dans un processus de modernisation et d'accumulation du capital dans une agriculture qui est restée essentiellement familiale et de taille modeste (Brun, 2008). Il apparaît urgent de mieux comprendre les conditions à réunir pour que de tels processus soient possibles et conduisent effectivement à un renforcement de l'agriculture familiale (de son efficacité et de sa viabilité) alors que les évolutions décrites antérieurement conduisent plutôt à sa fragilisation.

L'avenir de ces formes d'agriculture très différentes, au-delà de la grande diversité de forme que peut prendre, à l'intérieur de ces deux grands ensembles, chaque forme concrète et régionalisée de développement agricole, dépendra pour une large part des choix politiques faits à l'échelle nationale et internationale et privilégiant ces critères de performance : efficacité financière, efficacité économique, capacité de création d'emplois et de revenus, moindre consommation d'énergie fossile, minimisation des pollutions d'origines chimiques.

Méthodes et savoir-faire de l'agriculture comparée

Les acquis théoriques de l'agriculture comparée se sont construits *par le bas*. L'agriculture comparée est donc née, d'abord, comme une approche de l'agriculture, une pratique inscrite dans la durée, « un savoir-voir » et un savoir-faire, avant de s'individualiser en discipline scientifique. La progressive généralisation de ses notions de base, de ses outils et de ses concepts résulte d'une longue pratique de terrain et d'une mise en perspective de ses principaux résultats à des périodes historiques et sur des espaces géographiques de plus en plus diversifiés.

Ces savoir-faire et ces méthodes font l'objet de cette deuxième partie. Ils ont permis notamment de jalonner d'une part le chemin à parcourir pour réaliser l'analyse-diagnostic d'une région agricole[1], démarche mise en œuvre pour identifier les processus de changement en cours dans cette région et les trajectoires d'évolution des différents systèmes de production dans une perspective d'action régionale (identification de projet ou évaluation d'impact par exemple), et d'autre part celui de l'évaluation à proprement parler, évaluation systémique d'impact d'un projet ou d'une mesure de politique agricole, ou évaluation économique de projet de développement agricole du point de vue de l'intérêt général.

Ces savoir-faire reposent d'abord sur le choix de la petite région agricole comme échelle privilégiée de compréhension des dynamiques agraires et sur le soin apporté à la lecture du paysage. Ils s'appuient ensuite sur une approche du travail de terrain faisant une large place à l'enquête, notamment auprès des agriculteurs, enquêtes visant à recueillir à la fois les éléments qualitatifs nécessaires à la compréhension des processus et ceux, rigoureusement quantifiés, nécessaires à la mesure de ces processus et de leurs résultats. La mise au point de savoir-faire spécifiques, notamment pour recueillir par enquêtes directes les éléments nécessaires à la reconstitution des dynamiques anciennes et contemporaines sera ensuite analysée.

---

1. Cette démarche d'analyse-diagnostic de système agraire fut d'abord enseignée à l'Institut national agronomique de Paris-Grignon (aujourd'hui AgroParisTech) par l'équipe réunie au sein de l'UFR « Agriculture comparée et développement agricole ». Elle a ensuite essaimé vers d'autres institutions de formations supérieures, en France (IRC à Montpellier SupAgro, Istom) et à l'étranger (Mexique, Brésil, Équateur, Sénégal, Vietnam, Laos, etc.) ainsi que dans certaines organisations internationales, notamment la FAO. Plusieurs articles et manuels pédagogiques lui ont été consacrés, notamment : Devienne (1997) ; Devienne et Wybrecht (2002) ; Apollin et Eberhart (1999) ; Dufumier et Bergeret (2002) ; Cochet, Brochet, Ouattara et Boussou (2002) ; Ferraton, Cochet et Bainville (2003) ; Cochet et Devienne (2004 ; 2006) ; Ferraton et Touzard (2009) ; FAO (1999).

On s'intéressera également à la façon de construire des typologies d'exploitations agricoles développées en agriculture comparée, et notamment à la nécessaire identification préalable des systèmes de production. Dans le chapitre 10, c'est la dimension économique de l'analyse qui est passée au crible de l'agriculture comparée, la quantification soignée de la valeur ajoutée et de la productivité d'une part, de sa répartition et de la formation du revenu d'autre part. La question de l'évaluation sera abordée dans le dernier chapitre. Les savoir-faire développés en agriculture comparée se sont en effet révélés très efficaces pour identifier et mesurer au plus près du réel, l'impact différencié des projets programmes et politiques de développement sur les producteurs et les systèmes agraires.

Chapitre 6

L'approche micro-régionale
des questions agraires

LA PETITE RÉGION AGRICOLE : OBJET PRIVILÉGIÉ DE L'ANALYSE EN TERMES DE SYSTÈME AGRAIRE

Depuis longtemps déjà, l'approche régionale a été « inventée » par les géographes. Pour se limiter à l'école française de géographie, il faudrait citer Paul Vidal de la Blache, son fondateur (dès la fin du XIXe siècle) et, pour la période plus récente, Pierre Gourou, Gilles Sautter, Paul Pélissier, Jean-Pierre Raison sur les espaces tropicaux d'Afrique ou d'Asie, Olivier Dollfus pour l'Amérique latine, etc. D'autres ont suivi, choisissant de travailler à plus grande échelle – le terroir, le finage – ou au contraire à l'échelle nationale.

L'approche régionale fait aussi partie de la démarche d'agriculture comparée. Mais quelle serait la dimension « idéale » de la région étudiée ? Cette question nous renvoie à celle des échelles et frontières dont il a été question plus haut et au nécessaire emboîtement/combinaison d'échelles d'observation et d'analyse (*supra*).

Il y a plus de cinquante ans que la « petite région agricole » fut érigée en niveau privilégié d'analyse et de compréhension de l'activité agricole. En 1954, Malassis, Cépède, Bergmann, Dumont et autres publiaient : « La petite région agricole, contribution à l'étude et à la réorientation de l'économie agricole d'une petite région », dont l'objectif était de mettre au point une méthode raisonnée et cohérente pour l'étude préalable à la modernisation des régions agricoles. L'approche en termes de systèmes agraires n'était pas encore à l'ordre du jour, mais le choix de la petite région agricole, comme porte d'entrée de l'analyse, en préfigurait peut-être l'avènement. C'était déjà suggérer que les exploitations agricoles étaient ancrées dans un *territoire*, qu'elles participaient d'un *tissu rural*, et que les conditions du milieu, les différents *écosystèmes*[1] auxquels elles avaient accès, constituaient l'outil de travail des agriculteurs autant que leur cadre de vie.

Que doit-on entendre par « petite région agricole » ? Sans doute celle dont la dimension minimale permet de percevoir l'ensemble du système agraire (même si celui-ci recouvre un espace géographique beaucoup plus vaste), c'est-à-dire à la fois les relations pratiques/écosystème qui fondent un (ou plusieurs) mode d'exploitation du milieu particulier, les mécanismes de différenciation interne au système, les

---

1. Autant de mots peu employés à l'époque.

rapports sociaux et modes de régulation en cohérence avec ce mode d'exploitation du milieu. Le travail de compréhension des agricultures, entrepris à l'échelle de la petite région, permet d'obtenir une compréhension fine des mécanismes en jeu, des processus. Un élargissement de perspective devient alors possible, pour peu que les petites régions étudiées aient été choisies judicieusement, et permet d'aborder la question des politiques agricoles à l'échelle régionale ou nationale.

Choisir d'aborder la complexité des questions agricoles à cette échelle d'analyse et de développer une approche systémique, conduit nécessairement à étudier toutes les formes d'agriculture[2] développées sur ce territoire et non pas seulement telle ou telle production en particulier, ou telle ou telle catégorie de producteurs, comme nous le verrons à propos des typologies (*infra*).

LIRE LE PAYSAGE

En agriculture comparée, le paysage est l'expression visuelle, ce qui se voit à une échelle d'observation donnée, d'un *mode d'exploitation du milieu,* lui-même partie prenante d'un *système agraire (supra)*. Les travaux de Deffontaines ont démontré, dans le contexte français, à quel point l'analyse du paysage pouvait se révéler fructueuse pour l'étude de l'agriculture d'une région et des systèmes de production :

> Les systèmes de production agricoles d'une région s'inscrivent partiellement dans l'espace ; par ailleurs le paysage peut être perçu comme le support d'une information originale sur de nombreuses variables, relatives notamment aux systèmes de production et dont la superposition ou le voisinage révèlent ou suggèrent des interactions (1973).

L'observation du paysage révélait des pratiques, le visuel suggérait le fonctionnel (Deffontaines, 1997).

En agriculture comparée, décrypter un paysage consiste, à partir d'une observation détaillée et ordonnée de ce dernier, à en délimiter les différentes parties pour mieux décrire chacune d'elles[3], à déduire de ce qui se voit des usages et des pratiques à un moment donné, un certain nombre d'hypothèses sur le ou les modes d'exploitation de chacune de ces parties, ainsi que sur les relations possibles entres ces différents espaces exploités. Il va de soi que les observations et déductions/hypothèses qui peuvent émerger d'une telle lecture s'inscrivent à différentes échelles d'analyse. Ce qui se voit des pratiques de culture nous renvoie plutôt à l'échelle du *système de culture,* tandis que le ou les grands modes d'exploitation du milieu, expriment leur cohérence à l'échelle englobante du *système agraire*. Reste que les relations suggérées, par exemple, par la juxtaposition de plusieurs terroirs bien « lisibles » dans le paysage (des prairies de fond de vallée humide, des versants cultivés, des coteaux exposés au sud et plantés, des landes sèches parcourues par quelques troupeaux ovins, pour se limiter à ces exemples des plus simples) renseignent tout autant sur les combinaisons envisageables de différents systèmes de

---

2. Le mot agricultures étant ici pris au sens large, incluant bien sûr les activités d'élevage et, le cas échéant, celles de cueillette de pêche, les forestières.

3. Les « facettes » de paysage de Gilles Sautter et Chantal Blanc-Pamard, par exemple (Blanc-Pamard, 1986).

culture et systèmes d'élevage, au niveau cette fois-ci du *système de production*, que sur l'accès possible à différentes ressources et à l'évolution de leur exploitation (présence de friches, par exemple) :

> On part de ce qui est visible pour déchiffrer les systèmes que contient l'espace et qui agissent sur lui (Deffontaines, 1973)[4].

Certains géographes avaient déjà fait de l'étude du paysage un outil privilégié de compréhension des espaces et des activités humaines et souligné très tôt (Pierre Gourou) que le paysage n'allait pas de soi, que son analyse exigeait « méfiance » et rigueur. Pour Chantal Blanc-Pamard et Pierre Milleville (1985) :

> L'analyse du système agraire passe par une lecture soigneuse du paysage qui apparaît comme une construction paysanne, résultat de pratiques agricoles basées sur la perception paysanne du milieu. On a une relation dialectique entre les pratiques comme aboutissant à un paysage et le paysage comme expression des pratiques.

Observation des pratiques et lecture de paysage vont donc de pair dans cette approche du terrain que l'agriculture comparée partage avec certains géographes ruralistes. Faire parler les agriculteurs devant « leur » paysage et sur « leur » paysage est aussi, comme nous le verrons plus loin à propos de l'enquête de terrain, l'occasion de donner la parole à ceux qui font du paysage leur outil de travail, qui l'ont façonné, construit, ou au contraire… dégradé.

Premier pas incontournable dans l'identification et l'analyse du mode d'exploitation du milieu caractéristique d'un système agraire donné (*supra*), la lecture de paysage est un exercice délicat et exigeant[5]. Par ailleurs, l'observation, aussi minutieuse soit-elle, ne suffit pas à formuler des hypothèses sur le mode d'exploitation si le résultat de cette « lecture » n'est pas lui-même ordonné, classé, et *in fine* modélisé à l'aide d'un ou plusieurs transects caractéristiques ou blocs-diagrammes.

Aujourd'hui, et bien que l'artificialisation croissante des milieux permise par la révolution agricole contemporaine d'une part, le montant et les modalités de distribution des subventions aux agriculteurs au gré des réformes successives de la PAC d'autre part, aient laissé croire un moment que les décisions des agriculteurs puissent s'affranchir pour partie des conditions du milieu, l'analyse du paysage et sa « lecture » détaillée restent incontournables pour appréhender l'étude des systèmes de production d'une région. En outre, le retour en force de la notion de *territoire* – encore qu'il conviendrait de définir ce terme aux connotations parfois fort différentes – dans les préoccupations environnementales incite plus que jamais l'agro-économiste et le géographe à se retrouver autour du paysage et, au-delà, autour de l'espace régional.

---

4. Sur les méthodes d'observation du paysage et leur utilisation en matière de compréhension des pratiques paysannes et des systèmes de production, nous renvoyons le lecteur aux travaux de l'Inra-SAD sur les massifs vosgiens (Inra, 1977) ou alpins pour le contexte français ou, pour les pays en voie de développement, à ceux de Gilles Sautter (1985) ou Chantal Blanc-Pamard (1990). Voir également l'ouvrage didactique de B. Lizet et F. de Ravignan (1987).

5. *Google Earth* fournit aujourd'hui un outil remarquable de lecture et d'analyse du paysage « vu du ciel », particulièrement précieux, notamment en haute résolution, pour accompagner un travail de terrain.

Les hautes terres agro-pastorales du Mugamba-sud, au Burundi à 2000-2200 mètres d'altitude : habitat semi-dispersé en partie sommitale, parcelles jointives de céréales et légumineuses associées portant deux récoltes par an grâce à une fumure animale soignée, pâturages indivis dans la partie basse des versants, résidus de forêt dans les têtes de *talweg*, bas-fonds réservés au pâturage de saison sèche.

Ici, les pâturages et les transferts de fertilité qui leur étaient associés ont disparu depuis longtemps, peu à peu grignotés par l'accroissement des surfaces cultivées et la densification de l'habitat. Bananeraie dense en position sommitale, parcellaire de champs jointif sur l'ensemble du versant : petite parcelle de blé parfois associé au bananier en haut de versant, associations vivrières complexes en contrebas, quelques parcelles de thé et café au centre du cliché (1800-2000 mètres d'altitude).

L'Ukraine, vue du ciel. À gauche du cliché, village-rue en bordure de vallée et plateau avec parcellaires de très petite dimension : ce sont les jardins-vergers enclos autour des maisons et les parcelles sises dans le prolongement de l'habitat, perpendiculairement aux principaux axes, le tout formant de très petites exploitations (0,5-1 ha) de polyculture-élevage intensives. À droite du cliché, parcellaire de très grande taille, lui aussi hérité de la période soviétique, domaine des grandes cultures moto-mécanisées au sein d'exploitations de plusieurs milliers d'hectares. En haut à droite, parcelles de « réserve » attribuées à certains villageois et permettant l'agrandissement (2 ha) des exploitations « de la population ».

L'Ukraine, vue du sol. Au premier plan, maisons du village en bordure de vallon, jardin-verger clos et parcelles de céréales fourragères, pommes de terre et légumes dans le prolongement de l'habitat. À l'arrière plan, parcelle de très grande dimension, en grande culture.

Sole de pommes de terre en préparation (labour) dans un assolement réglé à l'échelle de la communauté (*aynoka*). La pomme de terre intervient en tête de rotation dans des cycles de culture qui laissent encore la part belle à la friche herbacée (« jachère ») pluriannuelle et pâturée, pour la reconstitution de la fertilité (3200-3600 mètres). Habitat semi-dispersé sur le replat en bas de versant et surplombant le torrent (Altamachi, Cordillère de Cochabamaba).

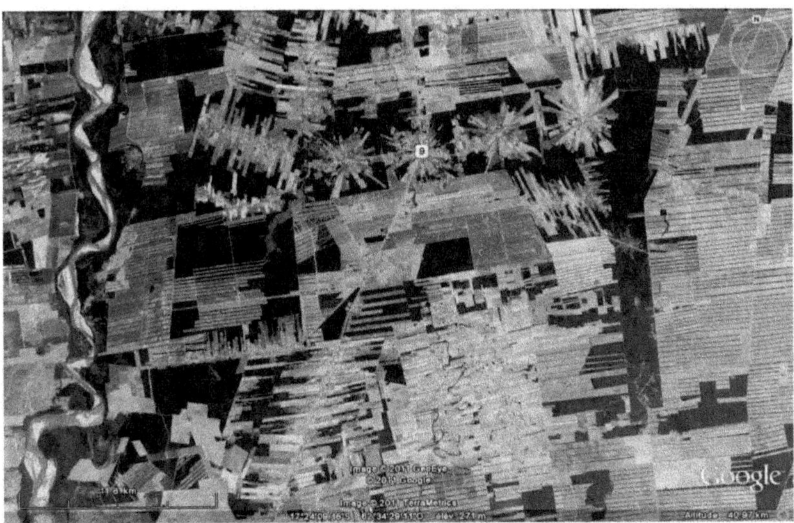

Figures de colonisation agricole dans les plaines orientales de l'Oriente bolivien, à l'est de Santa Cruz. En haut du cliché, les formes en étoile et en clavier de piano correspondent à des projets de colonisation planifiés par les pouvoirs publics pour lotir des migrants originaires de la Cordillère des Andes et en quête de terres. Au milieu et à droite du cliché, grandes exploitations (plusieurs milliers ou dizaines de milliers d'hectares) de l'agrobusiness (élevage extensif ou soja/tournesol) ; en bas au centre, colonie mennonite installée de longue date.

En fond de vallée, les meilleures terres sont toujours aux mains de la grande propriété. La réforme agraire a redistribué la terre alentours aux anciens travailleurs de l'*hacienda*, mais le cœur de l'ancienne *hacienda*, dans le fond de vallée irrigué, a été conservé par l'ancien propriétaire : grande exploitation moto-mécanisée spécialisée en élevage bovin laitier. Petites tenues paysannes sur les versants en polyculture-élevage.

Parcellaire de champs jointifs dans le sillon inter-andin, vers 3000 mètres d'altitude : céréales, légumineuses, quinua et maraîchage. Au premier plan, parcelles en lanières découpées dans le sens de la pente à l'occasion des divisions successorales. Quelques rares eucalyptus, notamment à proximité de l'habitat dispersé.

L'Éthiopie « verte » de la moitié sud du pays. Habitat dispersé, jardins à *enset* (ou faux bananier), potager et café autour de l'habitat, parcelles ouvertes cultivées à l'araire au-delà et emblavées en céréales et légumineuses en rotation, pâturages et élevage bovin associé pourvoyeur d'énergie animale et de fumure, omniprésence de l'arbre, notamment de l'eucalyptus pour le bois de chauffe et de construction.

Les jardins à *enset* constituent ici (en pays Guraghé) la base vivrière des familles rurales et occupe, au voisinage des habitations, toute la partie supérieure des versants. Les plantations sont soigneusement fertilisées grâce à la récupération minutieuse des déjections du troupeau qui passe la nuit à l'intérieur des habitations.

Les fronts pionniers de l'élevage extensif dans l'Uxpanapa (Mexique). Déforestation, implantation de prairies temporaires et installation hâtive de clôtures en fil de fer barbelé, sur fond de métayage d'élevage.

Vue aérienne des systèmes agro-forestiers à café du Sud-Ouest éthiopien. Il y a quelques décennies, ces terres, de part et d'autre de la route, étaient cultivées à l'araire et semées de céréales et légumineuses. Depuis, un couvert arboré diversifié a été reconstitué de toutes pièces et abrite les plantations de café.

Priorité aux équipements de grande largeur de travail. La révolution agricole contemporaine a contribué à façonner, simplifier et homogénéiser les paysages pour une plus grande productivité du travail. Ici, rotation à base de céréales à paille et colza en tête de rotation (mai 1995).

Parcellaire non remembré vers Sarrebourg. La pluriactivité est restée la règle au voisinage des bassins houillers et offre un autre visage de l'agriculture. Au fond, les Vosges (mai 1995).

Luzernières irriguées dans une vallée du versant pacifique des Andes centrales au Pérou (Cotahuasi, Arequipa). Aménagement en terrasses inclinées sur les colluvions en fond de vallon, irrigation par gravité et élevage laitier. Les boisements d'eucalyptus assurent l'approvisionnement en bois d'œuvre et de chauffe.

Riziculture de montagne à Danian (Guangxi, Chine du Sud). Aménagement méticuleux des terrasses, contrôle de la nappe d'eau et gestion au cas par cas de l'irrigation. Au fond, versants plus abrupts boisés et reboisés.

Chapitre 7

Terrain et enquêtes

FAIRE LES ENQUÊTES SOI-MÊME ET RECUEILLIR À LA FOIS DES DONNÉES QUALITATIVES ET D'AUTRES RIGOUREUSEMENT QUANTIFIÉES

Bien que les agricultures de nombreuses régions du monde ainsi que leurs histoires nous soient aujourd'hui bien mieux connues grâce aux très nombreux travaux réalisés par des chercheurs et praticiens de différentes disciplines, les transformations contemporaines de ces agricultures, quelles que soient leurs caractéristiques, méritent toujours une attention soutenue et un « retour » au concret pour être mieux appréhendées et comprises. Cette exigence du travail de terrain reste donc plus que jamais un principe de base de toute recherche ou démarche d'agriculture comparée, et non pas seulement un passage obligé pour un jeune chercheur en début de carrière. Il ne s'agit pas, non plus, de simples visites de terrain, à la manière « des descentes sur le terrain » opérées par les experts trop pressés ou les responsables et élus à la recherche du renouvellement de leur mandat, mais bien de séjours prolongés dans une région donnée et d'un patient travail d'observation et d'écoute.

Qu'elle soit personnelle ou menée en équipe, cette approche du terrain ne saurait être déléguée à qui que ce soit, à moins que la délégation ne se fasse au sein d'un processus d'apprentissage soigné. En effet, collecte, traitement et interprétation des données restent, indissociables ; c'est pourquoi enquêteur et chercheur se confondent donc *nécessairement* dans la même personne. L'observation (du paysage, des pratiques), le questionnement et l'écoute, doivent être ordonnés au fur et à mesure par un système d'hypothèses lui-même construit autour de concepts clairs. Si le chercheur doit être lui-même enquêteur, c'est aussi parce que le choix des interlocuteurs – et donc de l'échantillon d'exploitations agricoles étudiées – se construit pas à pas, sur la base d'une lecture préalable du paysage et d'une approche historique comme nous le verrons à propos de la construction de typologie (*infra*).

Une véritable *méthode* d'observation et d'enquête propre à cette discipline a été mise au point par l'équipe de l'UFR « Agriculture comparée d'AgroParisTech », dotée de toute la rigueur nécessaire et s'affranchissant ainsi du côté parfois impressionniste des voyages de Dumont. On l'aura compris, elle ne consiste pas à élaborer d'épais questionnaires destinés à être confiés à une armée d'enquêteurs à répartir sur le terrain. Point d'enquêtes larges sur échantillons statistiquement « représentatifs » et dont les résultats seraient traités par de puissants logiciels. On recherchera davantage à mettre en évidence des relations de cause à effet permettant d'expliquer les processus en cours plutôt que de recherche des corrélations de nature statistique entre les faits observés.

Notre « façon de faire » en matière d'enquête en milieu rural se rapproche donc de l'enquête de type ethnographique par ce qu'elle implique d'observation, d'écoute, d'immersion dans le milieu, de prise de note quotidienne, d'absence de questionnaires fermés, par sa durée également, la nécessaire contextualisation de l'enquête et sa non-délégation ; elle s'en éloigne par contre par l'exigence de l'échantillonnage *raisonné*, par son souci de *quantification*. Par quantification, on comprendra l'obtention *in fine* de résultats quantifiés (productions, coûts, quantité de travail, valeur ajoutée, revenus... *infra*) et comparables, et non pas le recours systématique aux méthodes quantitatives de traitement des données[1], au demeurant peu utilisées en agriculture comparée. Si le plus grand soin est apporté au choix des questions posées, à leur enchaînement, à l'observation simultanée (et parfois participante) des objets, des outils et des machines, des gestes et de leur enchaînement, cette posture du chercheur-enquêteur est la plus à même de permettre l'obtention d'informations le plus fiables possible, base de toute quantification compréhensive des phénomènes en cours.

Par ailleurs, la maîtrise des concepts de l'agriculture comparée (cf. première partie) permet, au cours des entretiens menés avec les agriculteurs, de poser les bonnes questions, de retrouver les éléments manquants du puzzle que l'on cherche à compléter, de partir à la recherche d'éléments qui doivent nécessairement être présents pour que la réalité ainsi reconstituée ait bien un sens, bref, pour que le système existe et puisse fonctionner. Pour que l'élément recueilli par enquête devienne fait, que ce fait fasse sens, et enfin qu'il puisse être interprété et par là-même placé au bon endroit du puzzle, il doit être appréhendé au travers des concepts qui lui donneront toute sa place dans la construction théorique que sous-tend un tel exercice. Il s'agit donc, comme l'écrivait déjà Couty en 1984, de « relier des faits pour les installer dans un enchaînement créateur de sens ».

À propos des enquêtes sur les pratiques culturales, Michel Sébillotte (1989) avait aussi souligné que :

> Transformer des faits observés en résultats interprétés suppose que l'on ait construit un modèle théorique qui, lui, valide à son tour telle ou telle lecture de la réalité [et que] c'est bien par un jeu dialectique entre la théorie qui guide l'enquête et l'observation organisée qui permet le contrôle des réponses et des questions, que l'on pourra éviter la majeure partie des pièges multiples qui guettent toute interprétation trop hâtive.

On mesure ainsi à quel point l'opposition entre recherche « empirique » et recherche « théorique », encore très présente ou implicitement suggérée dans la

---

1. Les méthodes « quantitatives » de traitement des données sont ainsi nommées en raison des outils statistiques employés, impliquant un échantillonnage large, et non en référence à la nature intrinsèque des données collectées (qualitatives ou quantitatives).

communauté scientifique, est éloignée de l'agriculture comparée. Une certaine
« division du travail » scientifique entre, d'un côté, ceux qui vont sur le terrain et
recueillent les données et, de l'autre, les théoriciens qui auraient le monopole de la
conceptualisation, division quasi généralisée dans de nombreuses disciplines et
institutions de recherche, apparaît extrêmement grave autant par le danger inhérent
à cette séparation des tâches pour la fiabilité des données traitées que par les
rapports de domination qu'elle sous-tend. Si l'empirisme consiste à « faire du
terrain », c'est-à-dire à multiplier et à classer des observations *localisées*, alors il paraît
légitime de revendiquer haut et fort cet empirisme-là, tant l'approche du terrain
structure cette discipline autant qu'elle en fonde l'identité. Mais lorsque ces descriptions *compréhensives* du réel, descriptions maniant avec agilité approche systémique
et changement d'échelle, lorsque ces observations et analyses, rigoureusement
menées dans un cadre conceptuel cohérent, concourent à l'élaboration de la théorie,
alors on mesure à quel point cette dichotomie empirique/théorique apparaît largement dénuée de sens.

SAVOIRS D'EN HAUT ET SAVOIR D'EN BAS…, ROMPRE LES HIÉRARCHIES IMPLICITES

Pour peu que les interlocuteurs ne soient pas exclusivement choisis parmi les
agriculteurs « modèles », les « technifiés » ou ceux « qui vont de l'avant », autant
d'expression généralement porteuses de jugements de valeur, l'observation et
l'écoute permettent souvent de réhabiliter des pratiques ignorées, en général mal
comprises et parfois méprisées. Elles permettent de rendre compte de visions plus
variées qu'il n'y paraît ; elles éclairent la complexité des pratiques et en révèlent le
sens. À propos de l'enquête ethnographique, à laquelle l'enquête d'agriculture
comparée se rapproche par certains aspects (*supra*), Stéphane Beaud et Florence
Weber (2003) écrivent :

> L'enquête ethnographique dans les sociétés contemporaines n'est pas un outil
> neutre de la science sociale. Elle est aussi l'instrument d'un combat à la fois *scienti-*
> *fique et politique*. L'ethnographe est par définition celui qui ne se contente pas de
> visions en surplomb, qui ne se satisfait pas des catégories déjà existantes de descrip-
> tion du monde social (catégories statistiques, catégories de pensées dominantes ou
> standardisées). Il manifeste un scepticisme de principe à l'égard des analyses « géné-
> ralistes » et des découpages préétablis du monde social. L'ethnographe se réserve le
> droit de douter *a priori* des explications toutes faites de l'ordre social. Il se soucie
> toujours d'aller voir de plus près la réalité sociale, quitte à aller à l'encontre des
> visions officielles, à s'opposer aux forces qui imposent le respect et le silence, à celles
> qui monopolisent le regard sur le monde.

L'agriculture comparée partage cette vision de l'enquête. Seul le travail de terrain
peut véritablement rendre la parole à ceux qui ne la prennent jamais et rompre les
hiérarchies implicites qui s'imposent trop souvent entre savoir « scientifique » et
savoir « populaire », entre ceux qui savent et ceux qui font, entre agronomes et
agriculteurs. Parce que les façons de faire – les pratiques agricoles – sont d'une

extraordinaire diversité de part le monde, parce que les agriculteurs, dans leur immense majorité, sont restés éloignés des sphères du pouvoir et ainsi écartés de l'élaboration des politiques et projets les concernant, l'agriculture est peut-être le domaine d'activité où cette exigence du terrain est la plus grande et où le potentiel de connaissances qu'il permet de révéler est le plus important.

Dans le contexte français, les nombreuses études agro-économiques régionales réalisées conjointement par les enseignants-chercheurs de l'UFR « Agriculture comparée » et des étudiants de « l'agro », permettent d'affirmer que, dans toutes les régions étudiées (plus d'une quarantaine), le travail d'enquête auprès des agriculteurs a permis d'entrevoir ce que pouvait révéler un dialogue débarrassé d'arrières pensées « développementalistes » et de jugements de valeur ; cela s'est révélé notamment lorsqu'il était *aussi* conduit avec les « exclus » du « développement », à savoir tous les agriculteurs rarement recommandés par telle ou telle organisation professionnelle agricole ou organisme « de développement », ceux, encore nombreux dans les années 1980 et 1990, réalisant un chiffre d'affaires trop modeste pour être imposés au réel et par-là absents de la plupart des fichiers et bases statistiques (RICA, notamment[2]). Par exemple, les dynamiques d'agrandissement des exploitations agricoles et leur restructuration, phénomène majeur des cinquante dernières années, pourtant maintes fois analysées et décrites, ne peuvent guère être appréhendées dans leur totalité sans analyse approfondie des mécanismes de marginalisation progressive et de disparition des exploitations les moins « performantes », phénomène non moins majeur puisqu'il permet l'agrandissement des structures voisines. En outre, et pour rester dans le contexte français, c'est souvent auprès de ce type d'interlocuteurs que l'on peut repérer autant de pratiques, de gestes ou de connaissances aujourd'hui invoqués au secours du « développement durable » ou de la multifonctionnalité de l'agriculture.

Ce constat serait encore plus criant dans nombre de pays du Sud ou « en développement ». À de rares exceptions près, dont celles de Dumont et De Schlippé, on peut dire que, pendant toute la période coloniale, l'étude des pratiques fut laissée aux ethnologues ou aux « folkloristes » (Sigaut, 2004). Lorsque les agronomes « descendaient » sur le terrain, il s'agissait le plus souvent, chicote en main, d'installer les « cultures spéciales » dont la métropole avait besoin ou de développer les cultures vivrières « dans l'intérêt des communautés indigènes » à coup d'itinéraires techniques normatifs importés et au nom de la « nécessaire mise au travail » de la paysannerie. J'ai montré comment, dans un pays comme le Burundi, la méconnaissance, par les agronomes coloniaux, des pratiques paysannes fut responsable d'un enlisement dramatique dans la famine et de l'arrêt brutal du processus d'intensification à base de travail qui avait pourtant vu le jour (Cochet, 2003). Après les Indépendances, mais dans la prolongation de la période coloniale, la plupart des agronomes nationaux ainsi que leurs professeurs et « homologues » européens ne se sont guère penchés sur les pratiques paysannes, rejetées dans le

---

2. RICA : Réseau d'informations comptables agricoles.

domaine du « traditionnel » ou de « l'archaïque » à l'aune des modèles de développement alors enseignés tant à l'Ouest qu'à l'Est. Combien de systèmes d'élevage qualifiés de « contemplatifs » pour éviter au chercheur la confrontation au réel et combien de systèmes de culture assimilés à de la « cueillette » parce qu'insaisissables au travers des filtres normatifs de l'agronomie classique ? Il faudra attendre encore plusieurs décennies avant que les « savoir-faire » locaux ne fassent véritablement l'objet d'études approfondies, encore que trop rarement, et pas toujours par des agronomes. En 1976, alors que les agronomes étaient encore fort peu nombreux à se pencher sans *a priori* sur les pratiques paysannes, F. Sigaut (1976a) pouvait encore écrire :

> Ce n'est pas un hasard si c'est à des ethnographes que nous devons l'essentiel de ce que nous savons sur les techniques agricoles anciennes et exotiques.

C'est pourquoi l'un des enjeux essentiels de l'agriculture comparée, en matière de formation supérieure, reste de faire faire « du terrain » aux étudiants. Au-delà du corpus de connaissances qu'ils peuvent ainsi acquérir et de la façon nouvelle d'accès au savoir que cela représente, se soumettre à cette exigence du terrain est aussi un moyen privilégié de découverte de nouveaux savoir-faire et plus encore de nouveaux savoir-être indispensables à tout praticien du développement au Nord comme au Sud, une sorte *d'humilité scientifique* qui aurait permis, n'en doutons pas, d'éviter bien des échecs en matière de « développement ».

OUTILS, MACHINES ET GESTES : TECHNOLOGIE DE L'AGRICULTURE ET PROBLÉMATIQUE DE L'INNOVATION

Placer le travail de terrain et l'enquête au centre des méthodes développées en agriculture comparée permet aussi d'accorder la plus grande importance à l'observation des outils et des machines, à celle des gestes et des postures, à l'étude fine des pratiques, et donc à la compréhension de la mise en œuvre des savoirs (ceux d'en bas et ceux d'en haut). Chaque outil, chaque instrument, doit ainsi donner lieu à un triple décryptage : description de l'outil, description et analyse des fonctions de l'outil (en lien avec l'analyse du milieu et de la séquence technique – ou itinéraire technique – dans laquelle son usage s'insère), observation et analyse de la façon dont on s'en sert (les gestes et leurs enchaînements, les réglages de la machine, sa conduite), une démarche de même nature pouvant être développée pour les intrants utilisés.

La technologie de l'agriculture ou l'anthropologie des techniques fournissent alors d'importants appuis. Les travaux, déjà anciens, d'André G. Haudricourt et Mariel J-Brunhes Delamare (1955), de François Sigaut (1975) et d'André G. Haudricourt (1987), par exemple, ont apporté des contributions décisives à la compréhension des évolutions techniques en agriculture, en particulier grâce à leur démarche comparatiste. Bien que cette discipline scientifique soit peu développée aujourd'hui, les approches dites « culturelles » ayant parfois fait passer au second plan l'étude des outils et des gestes, des travaux plus récents ont été effectués sur l'outillage aratoire africain et rassemblés dans des ouvrages collectifs à l'instigation de Christian Seignobos (1984 ; 2000). Plusieurs revues scientifiques sont encore spécialisées sur cette question : *Techniques et culture* (CNRS/MSH), *Tools and Tillage* (*International Secretariat for Research on the History of Agricultural Implements*), *JATBA* (MNHN) dans une moindre mesure, etc.

En comparant outils et techniques à différentes périodes et en différents lieux, ces technologues ont permis d'établir des *filiations* technologiques, des dynamiques évolutives, et par-là démontré mieux que quiconque le caractère absurde du qualificatif « traditionnel », compris comme immobile, immuable…, attribué à tort et à travers à telle ou telle technique. François Sigaut a montré, par exemple, que l'analyse précise des *fonctions* de l'araire (enfouissement des semences bien avant le labour) dans différentes sociétés agraires permettait d'entrevoir une des raisons de l'absence historique presque totale de traction attelée en Afrique sub-saharienne, alors même que ceux qui en vulgarisaient, sans succès, l'usage invoquaient le refus « culturel » et la « résistance à l'innovation » des populations en question :

> Le problème n'est pas d'essayer telle ou telle « innovation », un peu à l'aveuglette, comme on essaye successivement les clés d'un trousseau pour trouver la bonne. Le problème est d'abord de comprendre la serrure, c'est-à-dire la logique interne des systèmes de culture qui existent. Cela exigera des analyses approfondies, basées sur des observations détaillées, précises et aussi objectives que possible des pratiques actuelles, et sur une très large comparaison de ces observations entre elles (1976a, p. 17).

En analysant avec soin innovations techniques et innovations scientifiques, François Sigaut démontrait également que les changements techniques avaient très souvent précédé les progrès de la connaissance scientifique, ce qui renversait singulièrement le rapport entre sciences et techniques (*op. cit.*, p. 20). Le problème de l'innovation en agriculture, si important en matière de développement agricole se pose alors d'une tout autre manière[3] ; percevoir et mettre en lumière tout le potentiel d'innovations techniques « endogènes » dans les pratiques dites « traditionnelles » des agriculteurs, c'est resituer différemment, et avec davantage de chances de succès, l'innovation venant d'ailleurs et le transfert possible de connaissances d'une société à l'autre ou d'un groupe d'agriculteurs à l'autre. Quand sociologues et psychologues sont appelés en renfort pour tenter de comprendre pourquoi le « message technique » ne passe pas, ou mal, auprès des agriculteurs, deux types d'explications finissent tôt ou tard par s'imposer : soit les agriculteurs sont « réticents » à l'innovation et l'on invoque alors les raisons « culturelles » ou « psychosociologiques » *(infra)*, soit c'est le système de vulgarisation qui est mis en cause, son caractère autoritaire par exemple. Mais le bien fondé du message technique, c'est-à-dire la pertinence de l'innovation, n'est pas remis en cause alors que le problème est bien souvent situé à ce niveau-là.

Une des tâches de la « technologie de l'agriculture », science considérée par F. Sigaut comme *une branche de l'agriculture comparée,* serait alors « d'éclairer toute

---

3. Sur la question de l'innovation en agriculture, voir l'ouvrage coordonné par Jean-Pierre Chauveau, Marie-Christine Cormier-Salem et Éric Mollard (1999).

cette zone d'ombre que constituent les savoirs d'origine interne, c'est-à-dire élaborés et transmis par les agriculteurs eux-mêmes, en dehors de toute intervention volontaire des organismes de conseil » (1976b). Plus de trente ans après l'invitation de François Sigaut, la connaissance de ces savoirs a, heureusement, beaucoup progressé et d'innombrables travaux ont été réalisés, aussi souvent réalisés par des géographes, des anthropologues ou des ethnologues que par les agronomes eux-mêmes[4]. Une certaine réhabilitation des pratiques paysannes a conduit à replacer la problématique de l'innovation au cœur des travaux et recherches menés sur le développement rural (Chauveau, 1999). Les approches récentes de la gestion de l'innovation dans les dynamiques agraires font toute leur place d'une part à la profondeur historique des processus et d'autre part à leur analyse qualitative. L'innovation n'est plus considérée comme liée à un paquet technique « diffusé » par les vulgarisateurs, mais bien comme un processus complexe (*op. cit.*). Par ailleurs, le rapport récent du groupe d'experts internationaux sur les sciences et technologies agricoles au service du développement, l'IAASTD (*International Assessment of Agricultural Science Knowledge and Technology for Development*) (2009) a fourni une expertise de grand intérêt sur cette question, illustrant le consensus désormais admis dans la communauté scientifique internationale, sur le potentiel des « savoirs locaux » et « techniques traditionnelles » en matière de développement durable.

Dans les campagnes françaises, il est souvent frappant de constater la proximité entre certains systèmes de production « condamnés à disparaître » parce qu'insuffisamment équipés, trop à l'étroit, « peu technifiés » et qualifiés de « peu innovants » et les cahiers des charges de l'agriculture biologique ou de certains labels, autant de signes de qualité mis en avant comme *innovants* et porteurs d'un développement plus durable. Paradoxalement, la reconnaissance officielle de ces signes de qualité reste souvent inaccessible aux agriculteurs mettant en œuvre des systèmes pourtant très proches. L'agriculture dite « de précision » fournit un autre exemple où l'innovation n'est peut-être pas là où l'on croit. Avec ces nouveaux équipements, on est en mesure de réaliser l'adéquation précise des doses d'engrais et de produits phytosanitaires aux multiples hétérogénéités de la parcelle, innovation présentée comme majeure en matière de développement durable[5]. Mais les parcelles traitées de la sorte mesurent plusieurs dizaines d'hectares et résultent, après remembrement, du regroupement de plusieurs dizaines ou même centaines de parcelles, chacune d'entre elles faisant l'objet autrefois d'un traitement particulier, avec adaptation des doses de fumier et différents traitements aux caractéristiques micro-locales… La précision est donc *retrouvée*, mais à l'échelle de très vastes parcelles par ailleurs uniformisées ; et l'innovation n'est donc pas agronomique au sens strict, mais plutôt à l'initiative des firmes de matériel agricole. En attendant que ce nouveau matériel devienne un jour plus abordable, son coût limite aujourd'hui son utilisation à un petit nombre d'agriculteurs,

---

4. Ces travaux sont beaucoup trop nombreux pour être cités. Un exemple en est donné par le recueil de contributions présenté par Georges Dupré (1991). Voir aussi, par exemple, les travaux de Pierre Milleville (2007) et ceux de Paul Richards (1985).

5. Cela donna lieu à la remise d'une médaille « développement durable » à un céréalier de l'Aube (400 hectares) au Salon international de l'agriculture de 1999…

précisément ceux qui ont poussé le plus loin le processus de la révolution contemporaine « productiviste » et qui ont le plus contribué à l'uniformisation des paysages et à l'effacement, en apparence, des hétérogénéités intraparcellaires.

Les « porteurs de projets » en matière de « développement durable », parce qu'ils communiquent souvent mieux et davantage que d'autres ne font-ils pas passer pour innovantes des pratiques pourtant déjà anciennes, mais si longtemps méprisées ou niées que leur simple reconnaissance, en tant que tel, ferait peur ? Le débat qui s'instaura en France autour de la prise en compte de « l'existant » dans les CTE, c'est-à-dire la reconnaissance par les pouvoirs publics des pratiques *anciennes* (déjà en place), mais jugées favorables et compatibles avec l'esprit des CTE, illustre bien cette interrogation. Le débat fut tranché : il fallait « faire plus », c'est-à-dire accepter cette conception de l'innovation venant nécessairement *d'ailleurs*.

Les débats actuels sur le développement durable en général, l'agro-écologie et l'intensification « écologique » en particulier éclairent d'ailleurs le problème de l'innovation d'une lumière nouvelle (Griffon, 2006). Les enjeux développés autour de la biodiversité et des savoirs locaux en la matière sont considérables, en témoignent les efforts entrepris par certains groupes industriels pour s'approprier ces savoirs et les discussions internationales à ce sujet. La course à l'innovation se mue en course aux savoirs ancestraux, mais le paradoxe reste entier : tandis qu'un nombre croissant de chercheurs et de praticiens du développement agricole voudraient désormais voir, avec raison, mobilisées autant que faire se peut les fonctions apportées par les écosystèmes eux-mêmes dans les processus productifs, c'est vers les agronomes que se portent les regards alors même que les innovations souhaitées sont déjà très largement mises en œuvre par certaines sociétés rurales, pourtant largement ignorées. En témoigne par exemple la complexité biologique des systèmes de cultures mise en place dans de nombreux systèmes agraires, complexité qui pallie parfois étonnamment bien le manque total d'intrants d'origine industrielle et d'énergie fossile[6].

Par ailleurs, les sphères du pouvoir contribuent souvent à choisir la direction à privilégier en matière d'innovation. Le cas du « modèle » maïs-soja en alimentation animale a déjà été évoqué. Celui de l'éradication de la culture sur abattis-brûlis en Asie du Sud-Est a été décrypté par Olivier Ducourtieux (2010). Celui de la vulgarisation des maïs hybrides dans certaines régions d'Afrique ou celui, plus récent du riz Nerica pourraient l'être également sans même aborder la question des organismes génétiquement modifiés dont le débat public s'est largement emparé. De telles interrogations appelleraient de plus amples développements, mais surtout l'émergence d'une discipline nouvelle, l'agronomie politique, à l'image des travaux entrepris récemment en *Contested Agronomy* par James Sumberg (2010) et d'autres.

---

6. Le brevetage de l'utilisation de poudre de termitière comme bio-fertilisant des cultures maraîchères, annoncé par l'IRD dans son périodique *Sciences au Sud* (n° 40, juillet-août 2007) alors même que la plupart des agriculteurs de la zone intertropicale maîtrisent déjà, au-delà de ce que l'on pourrait imaginer, les fonctions biologiques apportées par ces communautés animales, illustre aussi ce phénomène, au-delà de la question posée par la propriété intellectuelle de ce genre d'innovations.

Chapitre 8

Faire de l'histoire en agriculture comparée

UN PROBLÈME DE SOURCES

La France est sans doute un des pays du monde où l'histoire rurale a été le mieux étudiée. Au-delà de quelques grands noms de cette histoire, Marc Bloch (1931), Michel Augé-Laribé (1955), Emmanuel Le Roy Ladurie (1969) ou George Duby et Armand Wallon (1975)[1], il existe en effet de nombreux travaux, réalisés par des historiens ou des géographes sur les paysages et les structures agraires d'Europe occidentale, particulièrement du XIXe siècle et de la première moitié du XXe siècle, paysages et structures où l'histoire ancienne était perçue comme très prégnante. Sur d'autres continents, on pourrait citer, à titre d'exemple, les travaux de François Chevalier, Enrique Florescano, Jean Piel ou John V. Murra sur le Mexique, l'Amérique andine, ou ceux de Jean-Pierre Chrétien, Catherine Coquery-Vidrovitch et Elikia M'Bokolo sur l'Afrique sub-saharienne, autant d'apports incontournables pour amorcer une reconstitution historique des systèmes agraires anciens.

Cependant, même si l'apport des travaux réalisés par les historiens est considérable, notamment dans un pays comme la France pour les périodes anciennes, les méthodes de travail développées par l'histoire d'un côté, l'agriculture comparée de l'autre finissent par diverger, en particulier quant aux sources utilisées pour les périodes plus récentes. Dans les pays où l'historiographie est abondante pour les périodes anciennes, un large fossé sépare très souvent ce corpus de connaissances souvent très riche, de celui, beaucoup plus lacunaire, consacré à la période contemporaine[2].

Les sources statistiques devenant pour ces périodes de plus en plus abondantes et de plus en plus détaillées, les études sur l'histoire récente de l'agriculture font souvent des *séries* statistiques leurs matériaux de base, les sources davantage *localisées* (archives de différentes natures, cartes, enquêtes) passant au second plan. Ce changement de source, et d'échelle d'analyse, n'est pas sans poser problème. À propos de l'usage des statistiques et sans s'étendre sur le problème de leur manque

---

1. Mais il faudrait aussi citer Jean-René Trochet (1993), Jean Marc Moriceau (1999), Jean-Luc Mayau (1999), Philippe Blanchemanche (1990), et bien d'autres… Le Guide d'histoire agraire *La terre et les paysans aux XVIIe et XVIIIe siècles*, (1999) réalisé par Jean Marc Moriceau témoigne de la richesse et de la diversité de ces apports.

2. En France par exemple, c'est plutôt les géographes qui ont « pris en charge » l'histoire récente de l'agriculture, notamment l'évolution des structures et le problème de l'exode rural. Jacqueline Bonnamour (1993) en donne de nombreux exemples.

de fiabilité dans de nombreux pays, le simple choix, par le statisticien, des *unités* et des *catégories* statistiques retenues pour l'analyse rend leur usage délicat en agriculture comparée. En ce qui concerne les unités statistiques, par exemple, le découpage administratif en général retenu (commune, canton, département dans le cas français) correspond rarement aux unités paysagères ou aux régions qui seraient pertinentes du point de vue des formes dominantes d'exploitation du milieu, du point de vue des *systèmes agraires* (*supra*)[3]. À propos des catégories statistiques retenues, de nombreuses difficultés apparaissent, par exemple à la lecture du RICA, lorsque les « orientations technico-économiques » (les OTEX), simple catégorie à usage statistique, sont considérées comme des *systèmes de production*, notion pourtant bien différente (*supra*). Les catégories statistiques retenues sont aussi parfois porteuses d'une certaine *compréhension* de l'histoire et donc de rapports sociaux qu'il convient de décrypter. Au Mexique par exemple, l'idéologie révolutionnaire et agrariste qui domine l'historiographie après la révolution de 1910 avait fait de l'*hacienda* et du *péon* les seules figures, opposées, des campagnes au point de ne retenir que ces catégories-là dans les statistiques de l'époque. Les métayers, pourtant très nombreux, disparaissaient totalement de tout document officiel ; la réforme agraire n'était pas faite pour eux. De la même façon, les *latifundia* ayant été déclarés, sur le papier, hors la loi à partir de 1934, ils seront recensés dès lors, dans la catégorie statistique des « petites propriétés », comme pour mieux affirmer le mythe de leur disparition. Les catégories statistiques sont donc parfois trompeuses et fort peu adaptées à l'usage que nous pourrions en faire. Un autre exemple de la fragilité des catégories statistiques est fourni par le recensement *séparé* des surfaces emblavées en différentes cultures (le maïs, les haricots, les courges…) dans les pays où la culture associée prédomine très largement.

Enfin, il est rare de trouver dans d'autres régions du monde une aussi grande richesse historiographique que dans un pays comme la France et la tâche qui attend l'agriculture comparée n'en est que plus ardue. Dans le cas de l'Afrique subsaharienne, et parce que l'historicité même de ces sociétés fut trop longtemps niée, l'histoire écrite par les historiens est encore bien lacunaire. Certes, les historiens contemporains qui ont travaillé sur la période précoloniale ont remis à l'honneur *les sources orales*, palliant ainsi le manque de sources écrites datant de cette période. C'est ainsi qu'un considérable travail d'enquête a parfois été réalisé et qu'une histoire précoloniale a ainsi pu être « retrouvée » (Chrétien, 1993). En rupture totale avec la littérature et l'idéologie coloniale, cette démarche critique, mise en œuvre par les historiens africains et européens, a permis de rendre la parole aux Africains et de redonner ainsi un souffle à l'histoire précoloniale. Elle a contribué à remettre en question « l'immobilisme » des sociétés agraires et à les doter d'une *historicité* enfin reconnue, préalable indispensable à la compréhension des dynamiques

---

3. Bien loin de s'appuyer sur une lecture raisonnée des paysages ruraux, les redécoupages administratifs effectués en France après la Révolution ont privé certaines données statistiques d'une partie de leur sens (données sur le milieu naturel et les activités agricoles, par exemple). Plus tard, un remarquable effort a été fait en France pour découper le territoire en « petites régions agricoles » dont la pertinence, longtemps remise en cause au profit notamment des « bassins de production », renaît aujourd'hui autour des problématiques environnementales et des approches « pays ».

contemporaines, en particulier du point de vue agricole. Elle a aussi mis en évidence les capacités d'innovation et de progrès des populations concernées et les véritables dynamiques (politiques, démographiques, agricoles) endogènes de développement. Cette connaissance historique enfin élargie à la période précoloniale a aussi permis d'envisager le développement, non comme un simple processus commençant avec la mise en contact de l'Afrique et du monde « civilisé », mais comme la résultante des dynamiques européennes et mondiales d'une part, des changements internes aux sociétés africaines d'autre part (Couty, 1981).

Il est cependant fréquent que cette « nouvelle » histoire retombe dans les travers du passé quand, s'intéressant désormais à la période coloniale, les historiens se passent de recourir aux enquêtes dès que l'abondance des sources écrites (surtout d'origine coloniale) fait passer au second plan les témoignages des ruraux. Bien que ne reflétant bien souvent que le point de vue du colonisateur, même s'il conviendrait de nuancer cette affirmation, les sources écrites restent plus « fiables » que les sources orales, par ailleurs beaucoup plus difficiles à recueillir.

D'autres disciplines contribuent aussi à décrypter les changements intervenus dans les sociétés pour lesquelles peu de documents écrits sont disponibles. Il s'agit notamment de l'*Environmental History* dont il a été question plus haut (p. 59-63) et dont les travaux mettent en lumière la complexité et la dynamique des relations que les agriculteurs entretiennent avec les écosystèmes dans lesquels ils vivent (Tiffen and Mortimore, 1994 ; Fairhead and Leach, 1996 ; McCann, 1995 ; 2005). Pour les périodes plus anciennes, les apports de l'archéologie, de la palynologie et de la linguistique se révèlent parfois décisifs.

Malgré les apports considérables de l'histoire et des autres disciplines évoquées ci-dessus à la connaissance des transformations anciennes de l'agriculture et des espaces ruraux, le travail de terrain et les entretiens approfondis avec les principaux acteurs de cette histoire, notamment les agriculteurs âgés, reste indispensable, en particulier pour explorer les périodes plus récentes encore accessibles à la mémoire des gens et, nous l'avons vu, moins fréquemment traitées par les historiens.

Par ailleurs, se pose le problème de l'objet de la recherche et des concepts qui servent de base à l'analyse (*supra*). Ici encore, ce que nous devons rechercher et trouver en agriculture comparée, diffère le plus souvent et s'éloigne des objectifs poursuivis par les historiens. Plutôt que de se limiter à utiliser des données qui n'ont été ni conçues ni collectées pour répondre aux questions posées par l'agriculture comparée et aborder son objet, il est souvent préférable de se constituer un fond propre suffisamment consistant.

ENQUÊTES HISTORIQUES EN AGRICULTURE COMPARÉE

« Faire » de l'histoire ne doit pas se limiter à reconstruire une série d'événements, aussi déterminants soient-ils. Cette démarche doit permettre de comprendre comment les gens les ont vécus, c'est-à-dire comment leurs pratiques en ont été modifiées ou non. Elle doit permettre de retracer les différentes périodes qui ont marqué l'évolution des activités agro-pastorales, de les caractériser et d'en expliquer les causes profondes. Pour aller au-delà de la somme de connaissances produite par les historiens ruralistes, et pour s'attacher plus spécifiquement à notre objet d'étude, les transformations anciennes et contemporaines de l'agriculture, il faut développer une méthode historique propre à l'agriculture comparée. Forgée sur la pratique et un savoir-faire développé dans des contextes historiques et géographiques extrêmement contrastés, elle s'appuie encore une fois sur le retour au terrain : l'analyse du paysage et les enquêtes orales.

En agriculture comparée, il s'agit donc de tenter, à l'aide d'entretiens approfondis avec les agriculteurs, notamment les plus âgés d'entre eux, d'identifier un ensemble de faits concrets, relatifs aux activités agricoles et d'élevage, et de réfléchir sur les liens pouvant exister entre ces différents éléments. Pour arriver à des éléments concrets, vérifiables par répétition et par recoupement, encore faut-il partir du concret et s'appuyer, avec notre interlocuteur, sur une base matérielle. Le paysage s'impose une nouvelle fois comme point de départ de l'analyse. Marc Bloch (1949) lui-même s'en remettait au paysage en écrivant :

> Pour interpréter les rares documents qui nous permettent de pénétrer cette brumeuse genèse du paysage rural, pour poser correctement les problèmes, pour en avoir même l'idée, une première condition a dû être remplie : observer, analyser le paysage d'aujourd'hui. [...] ici, comme ailleurs, c'est le changement que l'historien veut saisir.

C'est sur la base d'une analyse fonctionnelle du paysage et du repérage de ses différentes parties ainsi que des principaux éléments constitutifs de chacune des parties (analyse qui doit être faite auparavant), qu'il devient possible d'enclencher, avec une personne âgée, une discussion portant sur l'histoire de ce paysage. L'observation attentive du paysage et sa « lecture » permettent de rassembler d'innombrables éléments visuels, factuels, sur les pratiques et de formuler un certain nombre d'hypothèses interprétatives tant sur le « fonctionnement » de ce paysage et des systèmes qui l'ont forgé que sur les modifications les plus récentes qu'il a subies et dont les traces sont encore perceptibles. En effet, le paysage agraire peut être assimilé à un grand livre ouvert à la dernière page et dont on chercherait à feuilleter les pages précédentes. La principale difficulté est que ces pages sont le plus souvent collées les unes aux autres et plus ou moins opaques ou transparentes, si bien que le tout nous apparaît comme un ensemble de voiles se recouvrant les uns les autres partiellement ou totalement :

> Seule la dernière pellicule est intacte ; pour reconstituer les traits brisés des autres, force a été de dérouler d'abord la bobine en sens inverse des prises de vues (Bloch, *op. cit.*).

À ce propos, l'image d'un palimpseste inachevé a parfois été évoquée par les géographes. Sautter (1985) écrivait :

> Les paysages ne sont jamais la pure expression d'un ensemble de forces en action. Il s'y mêle toujours une part d'héritage, à la fois physique et humain. C'est d'ailleurs ce qui rend possible, à partir des traces ou éléments qui survivent, de reconstituer les paysages du passé. Le statut mixte, à cheval sur le passé et le présent, interdit les simplifications fonctionnelles.

Comment distinguer les éléments les plus récents, ceux immédiatement antérieurs, et les indices d'éléments encore plus anciens mais presque totalement effacés aujourd'hui ? Pour parvenir à reconstituer la présence ou l'absence de tel ou tel élément à chaque étape de l'histoire de ce paysage, il faut en permanence garder à l'esprit le souci de localiser précisément chaque élément, dans le temps d'abord (de quelle époque parle-t-on ?) et dans l'espace ensuite, c'est-à-dire dans un écosystème (ou agro-éco-système).

C'est face à ce paysage et en le décortiquant élément par élément avec notre interlocuteur qu'il devient possible de replacer chaque information collectée dans l'espace, d'autant que la vision des éléments qui servent de support à la conversation (une vielle souche, des pierres dans un champ, une ravine d'érosion, un arbre émondé, un fossé, le talus d'une terrasse…) stimule et ravive la mémoire des gens. Quel est cet arbre ? Qui l'a planté ? L'avez-vous vu planté ? Y en avait-il d'autres de la même espèce autour de celui-ci ? Et qu'en faisait-on ?[4]

Pour replacer tous ces éléments dans le temps, c'est d'abord par rapport aux propres repères de la personne interrogée qu'il faut opérer. En effet, le travail de mémoire s'ordonne selon un canevas personnel jalonné par les événements et/ou périodes qui ont le plus marqué l'histoire de vie de l'interlocuteur. Ce canevas doit être préalablement recueilli auprès de l'interlocuteur pour que l'on puisse y faire référence tout au long de la conversation qui suivra et que l'on puisse recaler ainsi chaque élément évoqué dans une échelle chronologique. Les différentes personnes interrogées n'ayant souvent que quelques repères chronologiques en commun, un long travail de recoupement et de synthèse doit ensuite être mené à bien sur la base d'une autre périodisation, propre cette fois-ci au chercheur, et conforme au corpus d'hypothèses préalablement posées.

Parce que ce travail de mémoire fait appel aux faits et gestes de la personne âgée à différentes périodes de sa vie et parce qu'il tente de reconstituer, devant le paysage d'aujourd'hui, l'espace de la vie quotidienne des gens, ces entretiens doivent être individuels pour être précis. Rien de plus difficile, en effet, que de relocaliser précisément, dans le temps et l'espace, des informations en tous sens qui proviendraient d'une discussion collective rassemblant plusieurs personnes n'ayant pas vécu la même chose et faisant référence chacune à des espaces différents et à des périodisations non conformes entre elles. Il en ressortirait des généralités, au mieux fidèles à des pratiques « moyennes », mais difficiles à situer avec précision dans le temps et l'espace, et par-là peu utilisables.

Par ailleurs, cette approche de l'histoire se distingue aussi nettement de celle qui a été mise en œuvre par les historiens spécialistes du continent africain. En effet, depuis que les sources orales ont commencé à retenir également l'attention des historiens africanistes, un large consensus s'est dégagé pour reconnaître l'intérêt de recueillir auprès des personnes âgées et de retranscrire les « traditions orales ».

---

4. Le recours aux photographies aériennes anciennes, lorsqu'elles existent, peut faciliter considérablement ce travail de reconstitution. Elles peuvent alors être introduites au cours de la conversation et donner lieu à une lecture conjointe passionnante.

Toutefois, l'historicité de ces traditions fait l'objet de débats. Souvent formalisées et transmises de manières intentionnées, les « traditions orales » sont toujours des discours construits reflétant le « texte public » volontiers servi au visiteur, et expression d'une unanimité feinte[5], alors même que les contradictions internes au groupe ou expressions de contestation seraient aussi riches d'enseignements.

Cet exercice de recueil des pratiques agricoles et pastorales des gens par entretien avec les personnes âgées n'est donc pas sans risques. Pour tirer parti de ces sources orales, encore faut-il réinterpréter ce qui est dit en fonction de ce qui a été vécu et aux circonstances de ce souvenir, et surtout en fonction de la position sociale qu'occupait à l'époque (ou occupe aujourd'hui) l'interlocuteur[6].

Dans les pays qui ont connu une ou plusieurs périodes dominées par la guerre et/ou par des régimes politiques autoritaires ayant laissé de mauvais souvenirs, le visiteur engageant une conversation sur ces périodes a bien du mal à recueillir autre chose que des jugements de valeur exprimant la condamnation, par l'opinion publique et les gouvernants, de l'idéologie « ancien régime » de la période concernée. Il est alors particulièrement difficile d'aller au-delà du recueil de ce discours et de rassembler de façon précise les éléments nécessaires à la reconstitution d'un mode d'exploitation du milieu, d'un système de production ou d'un rapport foncier. La reconstitution rigoureuse des transformations agraires dans les pays de l'ancienne Union soviétique, notamment celles qui ont immédiatement précédé et succédé à la transition, par exemple, est œuvre de longue haleine. Elle est pourtant cruciale pour appréhender les dynamiques agricoles contemporaines dans cette région du monde.

Un autre exemple serait fourni par l'histoire agraire récente de l'Éthiopie. S'il est vrai que le gouvernement du Derg[7] a laissé de forts mauvais souvenirs dans la mémoire de beaucoup, il paraît essentiel de parvenir à une périodisation plus fine de « l'époque du Derg », plutôt que de s'en tenir uniquement, au cours des entretiens historiques menés avec des personnes ayant vécu cette période, à une périodisation du genre avant/pendant/après, beaucoup trop grossière et propre à servir les simplifications. Il semble en effet nécessaire de tenter d'évaluer *séparément*, d'une part les modalités d'application sur le terrain des premières mesures de réforme agraire prises en 1975 et leurs conséquences jusqu'en 1979 (abolition des rapports sociaux d'ancien régime, reforme agraire paysanne) et, d'autre part, les politiques de collectivisation (à partir de 1979) et de « villagisation » (à partir de 1985) et leurs effets différenciés sur l'agriculture paysanne. Dans de nombreuses régions de l'Éthiopie du Sud, c'est surtout les deuxième et troisième périodes (collectivisation, « villagisation ») qui ont marqué (négativement) la mémoire des gens qui les on vécues et qui ont parfois laissé une empreinte durable dans le paysage (habitats anciens abandonnés, espaces en friche, villages sans âme aux maisons

---

5. Le « texte public » s'oppose au « texte caché » jamais révélé publiquement par les groupes dominés, car porteur de contestation de l'ordre établi et réservé à l'intimité du groupe restreint (Scott, 1990).

6. G. Dupré a bien montré par exemple les difficultés et les dangers d'une reconstitution de la « végétation originelle » par enquête auprès des agriculteurs (Dupré, 1991).

7. Régime autoritaire d'inspiration marxiste-léniniste dirigé par Mengistu de 1974 à 1991.

cadenassés, etc.). Mais c'est la première partie de cette période révolutionnaire, 1975-1979 qui, en abolissant les rapports sociaux d'ancien régime, a en fait jeté les bases de la structure foncière actuelle en consacrant, malgré la tentative de collectivisation qui lui a succédé, le triomphe de la petite tenure paysanne individuelle. Rappelons que la « libéralisation » de l'« après Derg » n'a fait que conforter les acquis de cette première réforme agraire « paysanne » de 1975, sans en modifier les principes de base (propriété éminente de l'État et tenure paysanne inaliénable) (Cochet, 2008b).

Qu'il s'agisse de réaliser un « diagnostic » agro-économique d'une région donnée ou de réfléchir en termes de projets et politiques de développement, une question ne manque pas de se poser au praticien de l'agriculture comparée : jusqu'où remonter pour expliquer le présent ? Il faut savoir s'arrêter en chemin dans ce parcours à rebours. Quel que soit l'intérêt cognitif de l'étude des périodes très anciennes, il s'agit d'expliquer le présent, et de ne pas « faire de l'histoire pour faire de l'histoire ». En France, il suffit en général de remonter aux prémices de la révolution agricole contemporaine, c'est-à-dire au lendemain de la seconde guerre mondiale, pour percevoir avec suffisamment de précision les chemins empruntés par l'accumulation et les modalités de différenciation des systèmes de production, depuis l'éclatement des systèmes de polyculture-polyélevage qui prédominaient alors. Encore faut-il parfois être capable de déceler dans le paysage, et de confirmer ensuite par enquête auprès des personnes âgées et par des lectures appropriées, les traces de changements plus anciens dans l'affectation des ressources et les combinaisons productives, changements qui contribuent à éclairer le présent : couchage en herbe précoce en Normandie et en Charolais, abandon des labours sur les terrains humides de la Champagne humide ou les terrains liasiques de Bourgogne, consécutifs à la motorisation et à l'abandon des labours en planches, etc.

Dans tous les pays qui ont connu d'importantes réformes agraires dans le courant du XXe siècle (Amérique latine, ex-bloc de l'Est, Chine, Vietnam, Éthiopie, etc.), il est illusoire de vouloir comprendre quoi que ce soit aux dynamiques agricoles contemporaines sans reconstituer les dynamiques agricoles héritées de ces réformes agraires. Pour en percevoir l'origine et dresser un véritable bilan de ces politiques de réforme agraire, on doit connaître avec un minimum de précision quelle était la situation qui prévalait *avant* ces bouleversements, ce qui nous ramène parfois assez loin en arrière. Même exigence en Afrique sub-saharienne où trop de « développeurs », désemparés devant la complexité du réel, en vinrent à invoquer pêle-mêle les « mentalités » des indigènes, « le facteur culturel » ou tout bonnement leur paresse, pour se dédouaner à peu de frais de leur ignorance du passé.

Ces entretiens historiques, pour passionnants qu'ils soient, ne permettent cependant pas de rassembler davantage qu'une série de données, un ensemble d'éléments localisés dans le temps et dans l'espace. Tel est bien d'ailleurs l'objectif qu'on est en droit de leur attribuer. Comment faire de ces éléments des *faits* historiquement significatifs ? *Quid* de l'enchaînement de ces faits, que dire de leurs relations fonctionnelles et systémiques ? Comment identifier et rajouter les éléments manquants du puzzle pour reconstruire ainsi un *système* agraire ? On mesure ainsi qu'il ne saurait y avoir d'enquêtes pertinentes, pas plus que de lecture compréhensive du paysage, sans hypothèses, et pas davantage d'hypothèses sans concepts clairs (*supra*).

En échappant ainsi à l'impossible et illusoire exhaustivité de l'enquête, on se livre alors à un exercice de reconstitution, et chemin faisant, de reconstruction des systèmes de culture et des systèmes d'élevage pratiqués par les uns et par les autres à différents moments de l'histoire et sur différentes parties de l'écosystème, à une reconstruction des systèmes de production en présence, et finalement à une ébauche significative de système agraire. Cette construction intellectuelle, appuyée sur un ensemble d'éléments concrets, localisés dans le temps et dans l'espace, mais en même temps inspirée par un ensemble de concepts précis, n'est finalement rien d'autre qu'un exercice de *modélisation*. Car le résultat de cette construction fait bien figure de modèle, construction mentale, vue de l'esprit diront certains, schéma simplificateur et réducteur certes, mais qui permet de progresser dans la compréhension de la réalité, elle-même toujours plus complexe, diversifiée et contradictoire que le modèle sensé la représenter.

Chapitre 9

Comment construire des typologies d'exploitations agricoles ?

BREF APERÇU DES MÉTHODES TYPOLOGIQUES[1]

Dans le domaine du développement agricole, de nombreux travaux de recherche ont porté, dans les années 1970 et 1980, sur la modélisation systémique du fonctionnement des exploitations agricoles et les méthodes typologiques. De plus en plus conscients de la complexité du monde rural et de la nécessaire compréhension de sa diversité pour le développement, de nombreux chercheurs se fixèrent alors pour objectif d'expliquer pourquoi tous les agriculteurs d'une même région ne réagissaient pas de la même manière au conseil technique, à l'innovation... L'objectif consistait à construire des typologies qui mettent en évidence les différences de moyens et de fonctionnement des exploitations, avec la préoccupation de classer les exploitations en un nombre limité de catégories relativement homogènes et contrastées : un nombre suffisant pour que les différences ne soient pas trop grossières, mais pas trop important afin que ces typologies restent utilisables. Il s'agissait tout à la fois de comprendre la dynamique et le fonctionnement des exploitations de chaque catégorie et de comparer et expliquer les différences entre les exploitations de chacune des catégories (Cochet et Devienne, 2006).

La recherche des « critères de différenciation » constitua alors la clef d'entrée la plus usitée pour construire des typologies, c'est-à-dire le moyen d'appréhender et de classer la diversité des exploitations agricoles. Mais comment hiérarchiser les critères ? Si en vertu d'un premier critère jugé discriminant, par exemple la taille de l'exploitation, trois classes sont constituées, l'intervention d'un deuxième critère jugé important, par exemple l'emploi de main-d'œuvre salariée, conduira rapidement à six types d'exploitations, à moins que certaines cases de ce tableau à double entrée (que ferons-nous au troisième critère, puis au quatrième ?) ne restent vides... le nombre de critères retenus, nécessairement très faible, et leur hiérarchisation ont bien des chances, effectivement, de rester largement arbitraires... ou dépendants du point de vue de chacun. On pourrait ainsi classer les exploitations agricoles d'une région de multiples façons en fonction des critères retenus et des finalités poursuivies. Il y aurait ainsi autant de typologies possibles que d'objectifs assignés à

---

1. Pour un aperçu synthétique de ces méthodes typologiques, voir Cochet et Devienne (2006). Pour le cas de l'Afrique sub-saharienne, voir également J.-Y. Jamin *et al.* (2007).

chacune d'elles, comme le proposait Philippe Jouve (1986). Avec le risque encouru qu'aucune de ces typologies ne permette réellement d'identifier et de classer des *systèmes de production*, encore moins d'identifier leurs trajectoires, de mesurer leurs performances et leurs perspectives d'avenir, de comprendre la dynamique d'une région agricole. Dès lors, comment élaborer une typologie de systèmes de production qui ait bien valeur générale et s'affranchisse des usages qui peuvent en être faits par la suite, une typologie évolutive à fonction cognitive ?

Une autre approche, développée à partir de la fin des années 1970, a mis les « objectifs » de l'exploitant au cœur de la démarche typologique. Le système de production étant considéré comme conditionné au projet à long terme de l'agriculteur ou encore « finalisé » par les objectifs de l'exploitant, on pensait qu'il suffisait alors d'identifier ces « objectifs » pour repérer les systèmes et bâtir ainsi une typologie d'exploitations agricoles[2]. L'objectif de l'exploitant, et donc son âge (ce dernier conditionnant souvent le premier dans l'esprit de nombreux auteurs), s'imposaient comme clef d'entrée dans la diversité et comme nouvelle méthode d'élaboration des typologies.

Cependant, cette entrée par les « objectifs » de l'exploitant pose à son tour problème. Tous les agriculteurs désireux d'installer leur fils – voilà typiquement un « projet à long terme » ou un « objectif » clairement exprimé – mettraient-ils en œuvre, pour attendre cet objectif, le même système de production ? De la même façon, le désir de diminuer la pénibilité du travail ou celui de pouvoir prendre des vacances peut bien évidemment influencer les décisions de l'agriculteur, voire orienter certains choix d'investissement dans un sens particulier. Pour autant il ne saurait déterminer, à lui seul, ni même partiellement, la combinaison des facteurs de production et des activités propre à l'exploitation. Si ce désir de vacances fait surface à un moment donné au point d'en devenir un objectif *déclaré* de l'exploitant, n'est-ce pas tout autant parce que les caractéristiques de son exploitation et son évolution rendent aujourd'hui possible l'expression de ce désir ? Ne risque-t-on pas d'inverser un peu rapidement causes et conséquences ? Les voisins, encore contraints de traire au pot-trayeur vingt-cinq vaches entravées dans de vieux bâtiments ne seraient-ils pas eux aussi désireux de prendre des vacances, même si l'idée d'en formuler le souhait – l'objectif – ne leur est jamais venue à l'esprit ? Dans le même ordre d'idées, que penser d'un objectif « s'agrandir » comme clef d'identification d'un système de production ? Ou pire encore de celui de « disparaître » pour désigner les exploitations agricoles en fin de course.

POUR UNE IDENTIFICATION PRÉALABLE DES SYSTÈMES DE PRODUCTION

Plutôt que de chercher en vain le ou les « bons » critères de différenciation (nécessairement en nombre très limité) et dont la sélection est rarement dépourvue d'arbitraire (autant de points de vue, autant de typologies…), ou de s'en remettre

---

2. Cette démarche voit le jour à la fin des années 1970 avec la proposition de J. Brossier et M. Petit (1977) : « Pour une typologie des exploitations agricoles fondée sur les projets et les situations des agriculteurs ». Voir aussi Capillon et Manichon (1979) et Jouve (1986).

aux seuls objectifs déclarés par les agriculteurs, une typologie cognitive d'exploitations agricoles doit reposer en premier lieu sur une identification *préalable* des systèmes de production. L'idée consiste donc à identifier les systèmes de production avant même de se lancer dans l'étude détaillée de leur fonctionnement.

Une telle identification préalable des systèmes de production permet d'éviter de tomber dans le piège des typologies déduites de la classification par type des individus (des exploitations) selon un nombre de « critères de différenciation » (variables de structure, par exemple) déterminés à l'avance[3]. Elle permet au contraire de *construire* des types – idéal-type – et de s'attacher à rechercher pour chacun d'eux un maximum de cohérence logique dans un but explicatif (Perrot et Landais, 1993). Chaque type sera alors caractérisé par un ensemble d'attributs qui lui est propre et permet de comprendre la logique interne de son existence, son fonctionnement particulier ainsi que sa trajectoire. Dès lors, il n'y a aucune raison de chercher à bâtir un ensemble unique de variables à recueillir, soigneusement ordonnées dans un questionnaire standard préétabli.

Cette méthode doit permettre à la fois de choisir les exploitations qui seront étudiées en détail en fonction des systèmes de production identifiés, c'est-à-dire d'effectuer un échantillonnage *raisonné*, et parallèlement d'être capable de poser des questions pertinentes afin de caractériser correctement les systèmes de production et de comprendre les raisons des choix des agriculteurs (Cochet et Devienne, 2006).

Le recours successif à la lecture de paysage (*supra*) puis à l'analyse des transformations historiques de l'agriculture de la région permet de formuler des hypothèses préalables sur les éléments permettant de repérer et d'expliquer la diversité des exploitations agricoles (Dufumier et Bergeret, 2002). Les systèmes de production actuels, leur différenciation autant que leur diversité sont le produit d'une dynamique historique – ou trajectoire – qu'il est indispensable de reconstituer avec soin. L'état actuel de cette différenciation est le *produit* de cette histoire.

Le choix raisonné d'aborder cette identification par l'histoire conduirait-elle à un certain déterminisme historique ? On objectera avec raison que les décisions des agriculteurs sont bien loin d'être seulement influencées par leur parcours et que l'histoire de l'exploitation ne peut à elle seule expliquer son état actuel et les choix futurs de l'exploitant. Certes, mais c'est là revenir au cas particulier de tel ou tel agriculteur, à la décision de celui-là d'arrêter le lait pour « pouvoir prendre des vacances » ou à celle de son voisin de faire la mise aux normes « pour installer le fils », au détriment d'une approche régionale des systèmes de production, chaque système étant alors compris comme un *modèle* représentant le fonctionnement d'un *ensemble* d'exploitations situées dans des conditions (agronomiques, économiques et sociales) de production comparables (*supra*).

Dans cette perspective-là, et pour un type d'exploitations agricoles donné, caractérisé et modélisé par *un* système de production, alors les choix individuels d'investissement, et donc d'évolution, s'inscrivent *nécessairement* dans un champ restreint de possibilités ouvertes, à un moment donné de son histoire, à ce type

---

3. Méthode à la base des classifications dites automatiques.

d'exploitations. Les « trajectoires » envisageables pour les exploitations agricoles d'une région sont donc en nombre limité ; elles illustrent le résultat des mécanismes de différenciation en jeu à chaque étape historique de transformation de l'agriculture. C'est pourquoi, il nous semble que c'est le repérage de ces mécanismes de différenciation et de ces trajectoires qui est le mieux à même de permettre une identification efficace et cognitive des systèmes de production existants dans une région, bien au-delà de tel ou tel critère jugé « discriminant » ou de tel ou tel « objectif » déclaré.

Le recours à l'histoire et aux mécanismes de différenciation des systèmes de production a aussi le mérite de permettre d'identifier les systèmes de production « en voie de disparition » et même ceux qui ont déjà disparu et dont les traces dans le paysage, dont la lecture s'avère là aussi précieuse, sont en train de s'estomper. Autant de systèmes trop souvent à peine identifiés et rejetés pêle-mêle dans la catégorie englobante du « traditionnel » ou du « peu technifié ». Le repérage de ces systèmes et leur caractérisation fine, l'identification et la compréhension des étapes, des causes et des mécanismes de leur disparition, ainsi que ses conséquences, sont pourtant extrêmement utiles pour déceler les mécanismes de différenciation et comprendre comment les autres systèmes ont pu se transformer et être ce qu'ils sont aujourd'hui.

Lecture attentive du paysage et reconstitution fine de l'histoire et des transformations de l'agriculture régionale par entretiens historiques auprès des personnes âgées, en particulier auprès d'agriculteurs en retraite ou proches de l'être, constituent donc, à notre avis, les deux piliers d'une véritable identification des systèmes de production, identification préalable à leur caractérisation détaillée et à la mesure de leurs performances économiques (Cochet et Devienne, 2006). On procédera ensuite à un échantillonnage raisonné des unités de production à étudier en détail, de manière à appréhender la diversité des situations et de favoriser la comparaison des processus et des résultats technico-économiques.

TENIR COMPTE DES MODALITÉS D'ACCÈS AUX RESSOURCES

Les conditions dans lesquelles les agriculteurs réussissent à rassembler les ressources foncières dont ils ont besoin, l'eau d'irrigation, les moyens de production et la force de travail nécessaires, influencent directement, comme il a été rappelé à propos du concept de système de production (*supra*, p. 50-53), la combinaison productive mise en place. C'est pourquoi prendre en compte ces modalités d'accès aux facteurs de production est souvent indispensable à une identification pertinente des systèmes de production et à leur caractérisation ultérieure. Qui plus est, elles conditionnent pour partie les règles de partage de la valeur ajoutée et pèsent donc très lourd dans l'élaboration du revenu de l'agriculteur (*infra*).

Il est même des cas où c'est autour de la recherche d'un facteur de production que se cristallise la différenciation interne aux sociétés rurales, que ce soit du point de vue de l'organisation sociale ou de celui des processus productifs. Tel est le cas, par exemple, de certains systèmes agraires caractérisés par un accès au foncier régulé par les rapports de parenté, un très faible niveau de capital et un outillage manuel, et où tout repose ou presque sur la force de travail manuelle des agriculteurs et de leur famille. Les foyers susceptibles de « capter » de la force de travail extérieure au groupe domestique, notamment en période de pointe du calendrier agricole peuvent mettre en place des systèmes de production qui diffèrent en de nombreux points de ceux contraints au contraire de céder une partie de la main-d'œuvre du groupe aux autres. Dès lors, c'est bien l'accès à ce facteur de production, la main-d'œuvre, qui doit guider la démarche typologique [4].

De la relation capital/travail interne à l'unité de production, découlent bien souvent les choix productifs mis en œuvre. C'est pourquoi, dans certaines situations, il est indispensable au cours de l'élaboration de typologies, d'identifier les différentes « catégories d'exploitant » impliquées dans le développement agricole d'une région avant de porter la réflexion sur les systèmes de production que les agriculteurs sont susceptibles de mettre en œuvre (Dufumier et Bergeret, 2002). Selon que les exploitations seront par exemple de type « familiale minifundiaire », « familiale marchande », « patronale » ou « capitaliste », il y a fort à parier qu'elles ne seront pas placées dans les mêmes conditions de choix des productions et des systèmes de culture et d'élevage à développer, et que par conséquent il en résultera la mise en place de systèmes de production fort dissemblables.

EXPLIQUER LA DIVERSITÉ

Pour expliquer les choix des agriculteurs et ainsi donner du sens à la diversité observée à l'échelle d'une même région agricole, les démarches basées sur la construction de typologie laissant une large place aux « objectifs » de l'exploitant, en tant que facteur explicatif, ont remis l'acteur comme sujet au centre de la réflexion, remettant ainsi en cause un certain « matérialisme » ou « déterminisme économique ». Mettre l'acteur au centre de l'analyse de la diversité et en faire un sujet « libre » de ses choix permet sans doute d'appréhender une partie de la diversité, à l'échelle micro-régionale, encore que, on l'a vu, les choix de chacun paraissent très largement déterminés par son héritage et les « possibles » du moment.

Mais le choix, encore possible au niveau de l'acteur, n'est presque plus perceptible ni ne revêt de caractère explicatif, dès lors que l'on change d'échelle d'analyse de la diversité. L'approche de la diversité des agricultures ne peut donc se suffire d'une telle échelle d'analyse, celle de l'« individu sujet ». Deux dimensions beaucoup plus larges, temporelles et spatiales, semblent devoir être abordées pour tenter de comprendre la diversité : d'une part, celle du temps long de l'histoire, celle des dynamiques intergénérationnelles qui ont construit l'évolution différentielle des trajectoires et des systèmes, et d'autre part, celle de la différenciation géographique des systèmes agraires. Dès lors que la diversité des agricultures ne se réduit pas à la variété des « regards » portés sur l'agriculture, dès lors qu'elle ne se limite pas à la diversité résultante du libre choix des acteurs et aux représentations qui peuvent

---

4. De nombreux exemples pourraient être cités en Afrique sub-saharienne.

expliquer ou justifier ces choix, dès lors enfin que l'on s'attache à comprendre la diversité des processus en cours et leur devenir, il faut s'efforcer de bâtir des typologies cognitives porteuses de sens. En ce sens, la méthode typologique mise en œuvre en agriculture comparée permet de mettre en lumière des trajectoires différenciées, d'expliquer les mécanismes ayant présidé à cette différenciation, d'expliciter les relations existantes entre les différentes catégories d'exploitations agricoles (flux de main-d'œuvre, de biomasse, de capitaux…), de mettre en évidence l'impact différencié du fonctionnement des systèmes de production sur les écosystèmes exploités, de montrer comment les politiques et projets n'ont pas eu les mêmes effets sur les différents systèmes de production, de prévoir, enfin, les dynamiques futures propres à chaque catégorie et leurs conséquences en matière de production, d'emploi, d'environnement, ainsi que l'impact possible et lui-même différencié des changements de politique agricole.

Comparer les systèmes de production au sein d'un système agraire permet aussi de comprendre la cohérence d'ensemble du système agraire, les mécanismes de régulation qui fondent cette cohérence autant que ses contradictions internes. La question de la validité de la démarche comparatiste à cette échelle-là ne se pose donc pas, ses vertus explicatives étant largement démontrées. Le choix de travailler à l'échelle de la « petite » région agricole est aussi validé parce que cette comparaison doit impérativement embrasser toutes les formes d'agricultures en présence pour en décerner la logique d'ensemble et les dynamiques en œuvre, et non pas telle ou telle catégorie d'agriculteurs qui seraient plus spécifiquement la cible de telle mesure de politique agricole ou programme de vulgarisation.

Chapitre 10

Une économie des processus de production agricole

RELIER APPROCHE ÉCONOMIQUE ET PROCESSUS TECHNIQUES

L'agriculture comparée est née dans une grande école d'agronomie. L'existence de ces « grandes écoles », particularité bien française et le fait que leur identité se soit forgée pendant longtemps fort loin de l'université expliquent sans doute en partie l'existence, en France, d'une population quelque peu originale, celle des agro-économistes, scientifiques et professionnels issus de ces grandes écoles d'agronomie et par-là munis d'une « culture agronomique » de base, formés sur le tard en économie. Cette population se démarque assez nettement des « économistes ruraux », dotés d'une formation de base en économie, généralement universitaires, et sensibilisés plus tardivement à un secteur d'activité particulier, l'agriculture. Hors de France, c'est souvent cette deuxième catégorie d'économistes qui domine le champ de l'économie agricole ou rurale. Or la confrontation sur le terrain de ces deux populations se révèle plus difficile qu'il n'y paraît, la proximité disciplinaire n'empêchant pas le dialogue de sourd… Tandis que les premiers sont souvent considérés par les « vrais » économistes comme des économistes de « seconde zone » ayant une culture économique pauvre, les agro-économistes reprochent à leurs collègues leur incapacité à raisonner le *fait technique* et leur manque de rapport au terrain… Les uns se complaisent dans l'élaboration d'équations parfois sans lien aucun avec le réel ; les autres se limitent à un empirisme sans envergure… Et lorsque les uns et les autres s'essayent à transgresser ces frontières invisibles, le résultat ne fait l'unanimité ni d'un côté ni de l'autre ; objets scientifiques, sources utilisées et méthodes de travail diffèrent trop souvent.

S'il n'y a pas de doute que l'agriculture comparée se situe plutôt dans la nébuleuse de l'agro-économie – et que l'UFR du même nom s'attache bien à former des agro-économistes – que peut-on dire de plus des relations, proximités ou différences entre l'agriculture comparée et « l'économie » ? Et de quelle économie s'agit-il vraiment ?

Quelles que soient l'époque historique et la région étudiées en agriculture comparée, les *processus de production* et leur évolution sont au centre de l'analyse. Une fois identifiés ces processus, notamment à l'aide du concept de *système de production* (*supra*) et analysé avec soin le *fonctionnement* technique de ces systèmes, une des tâches de l'agro-économiste sera d'évaluer les résultats et performances économiques de ce fonctionnement.

En agriculture comparée, l'approche économique à l'échelle du système de production doit nécessairement s'efforcer de relier les résultats économiques du système aux impératifs de son *fonctionnement* technique. D'une part, les résultats économiques de chaque système de production dépendent de son fonctionnement technique ; d'autre part, le calcul économique est indispensable à la fois pour contribuer à éclairer ce fonctionnement, pour comprendre pourquoi dans une même région les agriculteurs pratiquent des systèmes de production différents et pour poser des hypothèses quant aux perspectives d'évolution des exploitations. Cette interface entre le « technique » et « l'économique » domine donc notre approche du concept de système de production, autant qu'elle nous éloigne un peu des critères habituels d'évaluation de la comptabilité générale, comme nous le verrons plus loin.

UNE ÉCONOMIE DE LA PRODUCTION AGRICOLE APPLIQUÉE À L'ÉCHELLE DU SYSTÈME DE PRODUCTION

C'est à l'échelle d'analyse de l'exploitation agricole, donc du système de production, que la mesure de l'efficacité économique des processus de production est la plus intéressante et que l'agriculture comparée s'est emparée de quelques concepts de base de l'économie. Pour mesurer les performances économiques des exploitations agricoles, évaluer l'efficacité du travail des agriculteurs à ce niveau et comparer ces résultats d'un groupe d'exploitations à un autre et d'une région à l'autre, trois grandeurs économiques sont particulièrement intéressantes à étudier : la *valeur ajoutée* (VA) qui exprime la création de richesse résultant du fonctionnement du système, la *productivité* qui mesure l'efficacité des facteurs de production, notamment du travail, et le *revenu agricole* (RA) compris comme résultant du processus de répartition de la valeur ajoutée.

Valeur ajoutée et productivité

Rappelons que la valeur ajoutée nette mesure la *création de richesse* du système de production. Elle est égale à la différence entre la valeur produite (le produit brut) et la valeur des biens et services consommés en tout ou partie au cours du processus de production. Pour effectuer un calcul qui rende compte fidèlement du fonctionnement concret du système de production, le produit brut (valeur des productions finales y compris l'autoconsommation mesurée aux prix du marché) et les consommations intermédiaires peuvent être évalués directement par culture ou par atelier à partir des rendements, des prix des différents produits et des itinéraires techniques de culture ou d'élevage, donc à partir du fonctionnement technique du système de production. Quant à la dépréciation du capital fixe (ou amortissement économique), elle est évaluée sur la base de sa durée réelle d'utilisation, durée considérée ici comme une caractéristique du système de production (Cochet et Devienne, 2006).

Par ailleurs, l'intérêt de la notion de valeur ajoutée est de permettre la comparaison, entre unités de production, des résultats économiques obtenus quelques soient les modalités de répartition de cette valeur ajoutée entre les acteurs ayant contribué à sa création. La valeur ajoutée demeure ainsi le critère le plus adéquat pour comparer les performances économiques des différentes formes d'agriculture aujourd'hui présentes dans le monde, que l'unité de production soit familiale (le résultat de son fonctionnement se traduisant *in fine* par un revenu agricole) ou au contraire de type capitaliste (la rentabilité financière étant alors privilégiée), que la valeur ajoutée reste en grande partie aux mains du producteur si celui-ci est propriétaire de la terre et des moyens de production et travaille avec la main d'œuvre familiale, qu'elle soit répartie entre l'agriculteur, le propriétaire foncier, les banques et les ouvriers salariés, ou qu'au contraire elle soit concentrée entre les mains de l'apporteur de capital (*infra*).

Si l'utilisation du concept de valeur ajoutée ne pose guère de problèmes, au-delà bien sûr des précautions à prendre au niveau de la collecte des informations par enquête auprès des agriculteurs, celle du mot « productivité » a donné lieu, dans le domaine de l'agriculture, à des interprétations variées.

En économie, ce terme désigne le rapport entre la valeur ajoutée (différence entre la valeur des biens produits et celle des biens consommés au cours du cycle de production) et la quantité de facteurs de production utilisée pour la produire, notamment le capital et le travail. On parle donc de « productivité du capital » pour désigner le rapport de la valeur ajoutée à la quantité de capital fixe immobilisée et de « productivité du travail » pour désigner le rapport de la valeur ajoutée à la quantité de travail utilisée (mesurée en heures ou journée de travail, ou encore en nombre de travailleurs). La « productivité globale des facteurs » étant le rapport entre la valeur ajoutée et la somme des facteurs de productions – capital et travail – utilisés.

Dès lors que les agronomes et agro-économistes commencèrent à utiliser ce terme, ils enrichirent l'éventail de son utilisation du terme « productivité de la terre », pour tenir compte du facteur de production spécifique au domaine agricole. Désignant la valeur ajoutée produite par hectare, ce dernier terme est largement usité aujourd'hui par les agronomes, tout autant, voire davantage, que la « productivité du travail ».

Pour mesurer les performances économiques des exploitations agricoles, évaluer leur efficacité et comparer ces résultats d'un groupe d'exploitations à un autre et d'une région à l'autre, ces deux façons de décliner la productivité – *productivité du travail* et *productivité de la terre* – sont bien sûr essentielles. Tandis que la seconde (la valeur ajoutée annuelle ramenée à la surface totale de l'unité de production) exprime le résultat de l'intensification du processus productif, la première (la valeur ajoutée annuelle ramenée à la quantité de travail effectuée) mesure l'efficacité du travail incorporé au processus productif. Il y a cependant plusieurs façons de mesurer cette dernière grandeur, selon que la quantité de travail nécessaire est exprimée en heures ou journées de travail d'une part, ou par travailleur ou actif agricole (UTH ou Unité de travail humain) d'autre part. Dans les autres secteurs de l'économie, l'année de travail peut souvent être considérée comme un simple multiple de l'heure ou de la journée de travail, ce qui rend cette distinction inutile. Toutefois dans le secteur agricole, où le travail revêt le plus souvent un caractère saisonnier, ces deux approches de la productivité du travail fournissent des résultats différents et complémentaires. La valeur ajoutée mesurée pour un actif agricole et par an mesure l'efficacité économique d'un travailleur dans un système de production donné et exprime ainsi la *productivité globale* du travail. En revanche, la valeur ajoutée rapportée à la journée de travail (ou à l'heure), ou *productivité journalière* (ou horaire) du travail permet d'introduire (1) le calcul économique à l'échelle du système de culture ou du système d'élevage (sous systèmes du système de production) pour lesquels il est souvent possible de comptabiliser séparément la quantité de travail effectuée, (2) la notion de *coût d'opportunité*, et donc celle du choix opéré par les agriculteurs de consacrer une heure ou journée de travail à telle ou telle activité concurrente, et enfin (3) les questions relatives à la gestion du calendrier de travail et de la combinaison d'activités complémentaires.

Une telle combinaison d'activités sollicitant la force de travail de la famille à des moments différents permet alors d'accroître la productivité globale du travail, même si la productivité journalière du travail ne s'accroît pas ou même régresse[1]. Alors que dans les pays industrialisés, les accroissements de productivité ont surtout été déterminés par l'investissement (notamment pendant la révolution agricole contemporaine), les accroissements de productivité globale (beaucoup plus faibles) enregistrés dans les systèmes agraires à très bas niveau de capital ont été rendus possibles par un remplissage progressif du calendrier de travail des agriculteurs. Sauvegarder et accroître la diversité interne à ces systèmes ont donc été à la base du maintien ou de l'accroissement de la productivité malgré l'absence parfois totale d'accès au capital. Dès lors, les champs du possible en matière d'accroissement de productivité dépassent la seule accumulation de capital et s'élargissent à tout ce qui peut jouer sur la répartition du travail dans l'année : diversité des productions et étalement des pointes de travail, diversification des activités, etc.

Les économistes et agro-économistes ont donc, et depuis longtemps, une définition claire et un usage rigoureux du mot et du concept : un rapport entre la valeur ajoutée au cours d'un processus productif et un facteur de production, celui-ci pouvant être, dans le cas de la production agricole, le capital, le travail ou la terre.

Malgré l'intérêt de cette notion et sa très grande fertilité en économie, une certaine dilution du terme a vu le jour dès lors qu'il est passé dans le langage courant. À l'article « productivité », les dictionnaires les plus utilisés (Robert, Larousse…) renvoient systématiquement le lecteur au mot « rendement » et *vice-versa*, entretenant ainsi l'idée du caractère interchangeable de ces deux termes.

Tel est également le cas dans la communauté des agronomes où le terme « productivité » est presque toujours employé pour désigner un « rendement ». Pourtant jusqu'au milieu du XXᵉ siècle, quand les agronomes se penchent sur les comptes de l'exploitation agricole et font ainsi œuvre d'économiste, il est question de « frais de culture » ; on parle du « prix de revient » de la culture et de son

---

1. C'est pourquoi le fait que la productivité marginale du travail baisse n'empêche pas la productivité globale d'augmenter, caractéristique fondamentale de l'économie paysanne déjà suggérée en son temps pas Tchayanov (1924) :« surintensification » en travail.

« rapport » (ce qu'elle rapporte…), mais pas de « productivité », ce terme n'étant par non plus usité dans le sens de rendement. Dans le *Larousse agricole, encyclopédie illustrée*, publiée en 1921, le terme n'est d'ailleurs pas évoqué ; il est encore inconnu des agronomes.

Ce n'est qu'après la seconde guerre mondiale, semble-t-il, que la communauté des agronomes s'empare du terme, mais le plus souvent pour désigner « rendement ». C'est ainsi que le *Larousse agricole* (1981) propose comme définition :

> En agronomie, capacité de production d'une espèce ou d'une variété dans un milieu donné lorsque les conditions optimales de culture sont réunies, autrement dit, rendement maximal d'une espèce ou d'une variété dans une zone géographique déterminée […] Actuellement, la productivité des meilleures variétés de blé d'hivers est supérieure à 70 q de grains secs à l'hectare dans le Bassin parisien (Clément, 1981).

Productivité équivaut alors à « rendement potentiel ». Cet emprunt, par les agronomes, a conduit à désigner trop de choses différentes par le même terme et par là à générer incompréhension et confusion. Cette confusion revêt différentes formes. La première consiste à utiliser le même terme « productivité » pour désigner soit un simple rendement, c'est-à-dire une production brute rapportée à la surface immobilisée, ou rapportée à l'animal d'élevage (pour désigner par exemple un rendement laitier), soit un potentiel de production rapportée à la surface (c'est le sens suggéré par le *Larousse agricole* et utilisé pour désigner les variétés ou races améliorées, « plus productives », à « haute productivité »). La deuxième consiste à porter indistinctement au numérateur de ce rapport, soit une production brute (de blé, de lait…) soit une production brute diminuée des biens et services détruits pour l'obtenir, c'est-à-dire la valeur ajoutée. La troisième consiste à mettre indistinctement au dénominateur une surface (en hectares), du capital (mesuré en unité monétaire) ou du travail (mesuré en heures ou journées de travail) sans que l'utilisateur ne prenne toujours la peine de préciser de quelle productivité il s'agit.

Un tel foisonnement ne dérangerait que les puristes s'il n'avait pas trop souvent servi de vecteur et de slogan aux discours portés par les agents de développement et responsables politiques. Ainsi, la confusion qui s'est installée entre rendement et productivité illustre à merveille, autant qu'elle a accompagné et servi, les dérives technicistes et productivistes de la révolution agricole contemporaine. À trop confondre accroissement de la productivité et essor du rendement, on en oublia parfois bien vite que l'augmentation de l'efficacité du processus de production ne pouvait pas être opérée sans maîtrise des coûts et que c'était bien davantage les progrès de la valeur ajoutée, plutôt que du seul rendement, qui étaient déterminants. La plus grande partie de l'appareil de recherche agronomique, et de son pendant dans l'enseignement supérieur agricole, ne s'intéressait qu'à la progression du nombre de quintaux par hectare, dérive dont on commencera à entrevoir les coûts lors du premier choc pétrolier, puis à l'aune du développement durable.

Par ailleurs, en faisant de la production brute par hectare (le rendement) l'étalon-or du développement agricole en lieu et place de la productivité au sens des économistes, cette confusion avait pour résultat de faire passer au second plan l'efficacité du travail (la productivité du travail) et son rôle dans la modernisation de l'agriculture. C'était bien pourtant la progression inégale de la productivité du travail qui déterminait, bien plus encore que les rendements, le devenir des différentes agricultures du monde, comme le démontra Dumont dès 1954.

Enfin, cette confusion n'a pas été sans conséquence sur la qualité des relations qui se sont établies entre agronomes et agriculteurs, entraînant trop souvent incompréhension et méfiance. Alors que les premiers voyaient dans l'accroissement de « leur » productivité (le rendement) le fer de lance de leur action modernisatrice, vulgarisant ainsi variétés et races à haute « productivité », engrais de synthèse et outils de travail du sol, les seconds évaluaient le surcroît de travail et de coûts que cela impliquait, et par là le risque d'une diminution de la productivité (la leur, celle aussi des économistes…). Ce malentendu entre idéal « technique » et rationalité paysanne, malentendu largement accompagné par cette confusion sémantique, fut brillamment dénoncé par Pélissier (1979) à propos des paysanneries africaines à qui l'on voulait imposer l'intensification dans un contexte où le facteur rare n'était point du tout la terre mais plutôt la force de travail.

Répartition de la valeur ajoutée et revenu agricole

Quant au revenu agricole, la définition que nous retenons est celle du revenu qui résulte de la répartition de la valeur ajoutée et des transferts éventuels opérés par la collectivité (subvention). Il est égal à la différence entre la valeur ajoutée nette et l'ensemble des redistributions qui traduisent les conditions d'accès aux ressources mobilisées dans le processus de production (rente foncière, rémunération de la main-d'œuvre extérieure, intérêts sur le capital emprunté, taxes sur le foncier et les produits), à laquelle viennent s'ajouter les subventions.

Un autre aspect du revenu agricole économique, particulièrement important dans les régions et pays où une partie non négligeable de la production est directement consommée par l'agriculteur et sa famille, est qu'il est calculé en intégrant l'ensemble de cette autoconsommation, cette dernière représentant bien une partie de la valeur produite par l'unité de production. Ce revenu est donc distinct du revenu *monétaire*, bien que ces deux résultats soient très fréquemment confondus dans la littérature dite « spécialisée ». En effet, la vente d'une récolte de café, par exemple, accroît le revenu monétaire des agriculteurs mais pas nécessairement le revenu global. Tout dépend du maintien ou non du niveau de satisfaction de la famille en produits vivriers et de l'utilisation de ce revenu monétaire et du pouvoir d'achat réel qu'il autorise. Si ce revenu monétaire est utilisé pour l'achat de produits vivriers qui ne sont plus produits sur l'exploitation agricole, alors cet « accroissement du revenu » est un leurre et dissimule une perte d'autonomie de l'exploitation. Dans de nombreux pays, l'amélioration de l'autoconsommation familiale (diversification et meilleur équilibre de la ration), la diminution des risques encourus, le maintien et l'amélioration du potentiel de fertilité des différentes parcelles de l'exploitation et l'accroissement du pouvoir d'achat des agriculteurs (et non pas seulement de leur « revenu monétaire ») ne peuvent être dissociés pour faire de l'exploitation agricole une unité de production reproductible.

Mais ce revenu agricole, tel qu'il vient d'être défini, n'est pas toujours calculé de la sorte. Avec le développement, par exemple en France, des Centres de gestion ou Centres d'économie rurale (CER) et l'accroissement significatif de la proportion d'exploitations agricoles imposées au réel, les critères économiques (valeur ajoutée, revenu, productivité, etc.) ont été de moins en moins utilisés et sont progressivement passés au second plan au profit de critères de gestion et de comptabilité, notamment fiscale : Excédent brut d'exploitation (EBE), revenu comptable. Cette évolution allait de pair avec la généralisation d'une fonction de conseil individuel aux agriculteurs, développée par ces institutions. Mais l'EBE, calculé en prenant en compte les subventions perçues mais en ne décomptant pas la dotation aux amortissements, ne permet d'approcher ni la valeur ajoutée ni le revenu agricole tandis que le revenu comptable ne permet en général d'apprécier qu'une partie du *revenu économique* dégagé par un système de production. En outre, la tentation pour l'économiste travaillant sur l'agriculture de se tourner vers les données comptables, sources considérables d'informations déjà collectées et relativement faciles d'accès, a conduit, chemin faisant, à l'éviction presque totale, en tant que base potentielle d'informations, de toutes les exploitations agricoles dépourvues de comptabilité, les plus modestes en général, mais pourtant largement majoritaires en France jusqu'à un passé récent.

Ce biais considérable dans la recherche française en économie agricole avait pourtant été souligné, dès 1985, dans une synthèse des travaux du département d'économie et de sociologie rurale de l'Inra. On y écrivait, à propos du concept de revenu :

> L'opacité sur la connaissance des revenus en agriculture se manifeste à notre sens dans deux domaines principaux : l'absence totale d'information sur certaines situations, la confusion entretenue sur les concepts et mesures utilisés [...]. La quasi-totalité de ceux qui sont dans les conditions de revenus les plus défavorables se trouvent ainsi absents de toute information sur les revenus (Viallon, 1985).

L'approche économique des systèmes de production se distingue donc de celle, comptable, dont l'objectif principal est de fournir un conseil personnalisé aux agriculteurs. Dès lors, le retour à des critères strictement économiques s'impose, en même temps qu'une certaine distance maintenue vis-à-vis des critères strictement comptables.

Si valeur ajoutée et productivité mesurent bien l'efficacité économique intrinsèque du système de production, en tant que processus de création de valeur, c'est le revenu agricole qui est à même d'exprimer la part de valeur ajoutée (éventuellement augmentée de subventions perçues) permettant à l'agriculteur de faire vivre sa famille et, si possible, d'investir pour accroître son capital et *in fine* la productivité de son exploitation (*figure 2*). En agriculture familiale, c'est donc ce critère qui renseignera le mieux sur l'avenir de l'exploitation et sa capacité à se développer. Mais les conditions d'accès aux facteurs de production, largement déterminées par les rapports sociaux dans lesquels sont insérés les agriculteurs, conditionnent les modalités de partage de la valeur ajoutée et donc la rémunération respective des différents facteurs de production terre/capital/travail.

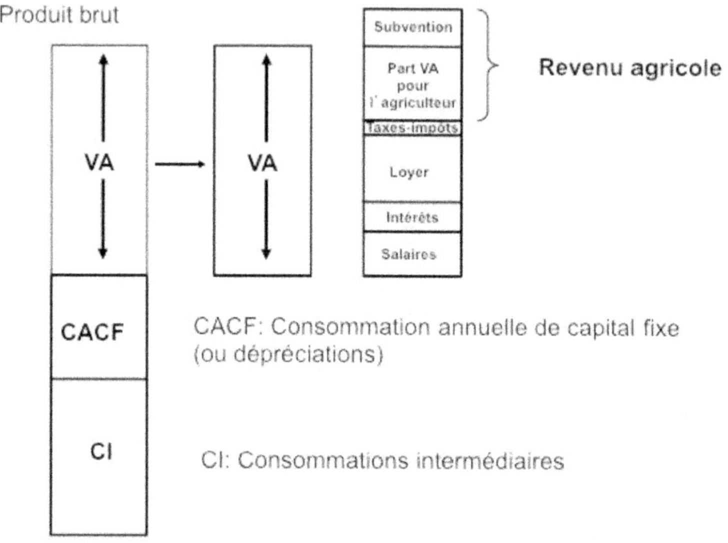

Figure 2. Valeur ajoutée, répartition et revenu agricole. Source : H. Cochet.

En agriculture « d'entreprise » ou agrobusiness, au contraire, c'est la rentabilité financière qui compte davantage, c'est-à-dire la capacité de l'entreprise à rémunérer les capitaux investis, capacité notamment mesurée à l'aide du Taux de rentabilité interne (TRI). Dans la mesure où les logiques économiques à l'œuvre dans les exploitations de type familial et dans celles de type capitaliste ne sont pas de même nature, revenu agricole et rentabilité financière du capital investi ne sont guère comparables. En outre, ces critères ne permettent pas de comparer l'efficacité technique et économique de ces différents types d'exploitations. Pourtant, le développement récent d'entreprises agricoles de grande dimension, notamment dans le cadre du phénomène en cours de prise de contrôle du foncier dans les pays du Sud et de l'ex-Union soviétique par des investisseurs étrangers, renforce l'intérêt et la nécessité de conduire de telles comparaisons (*encadré 4*). Les critères de valeur ajoutée et de productivité des facteurs, ceux régissant sa répartition et donc notamment la rémunération du travail et celle du capital, ceux permettant de mesurer la création d'emplois et de revenu se révèlent alors particulièrement intéressants à utiliser pour comparer les différentes formes institutionnelles d'agriculture (agriculture familiale et agrobusiness, notamment) partageant le même espace productif. Par ailleurs, l'utilisation de ces critères permet ensuite de faire apparaître d'autres ratios et de comparer les modalités de création de la valeur ajoutée : part de l'énergie fossile dans la valeur ajoutée, poids des intrants chimiques dans la création de valeur ajoutée, part respective de la consommation annuelle de capital fixe, valeur ajoutée crée par m³ d'eau consommé (irrigation), etc.

Résultats économiques comparés : l'exemple de l'Ukraine

Un exemple particulièrement significatif de la fertilité de cette approche est fourni par l'étude des dynamiques en cours dans l'agriculture ukrainienne. Cette dernière est caractérisée par des exploitations de grande dimension (plusieurs milliers d'hectares) faisant travailler un nombre réduit de salariés aux commandes d'un matériel puissant et spécialisées dans les productions végétales destinées pour partie au marché international. C'est grâce à ces structures de production que le potentiel céréalier des riches *tchernozium* serait susceptible de s'extérioriser le plus facilement et que l'Ukraine serait sur la voie de prendre sa place parmi les tous premiers producteurs de céréales du monde. Mais cette agriculture est en réalité caractérisée par un caractère dual prononcé. Il existe en effet des exploitations familiales de beaucoup plus petite taille parmi lesquelles figurent notamment, à côté d'un petit nombre d'exploitations de quelques dizaines d'hectares, une multitude de micro-exploitations (entre 4 et 5 millions à l'échelle du pays) réduites à l'exploitation d'un lopin de moins d'un hectare, comme à l'époque soviétique.

C'est auprès de ces millions d'anciens travailleurs des kolkhozes et sovkhozes que les entrepreneurs agricoles doivent se tourner pour prendre en location les parts foncières (de petite dimension mais réunies en blocs de grande taille) distribuées à l'occasion de la réforme agraire des années 1990, les loyers étant le plus souvent payés en nature (grain, fourrages notamment) pour alimenter les ateliers d'élevage des bailleurs. Bien que ce secteur de la petite et très petite exploitation familiale ne soit pas considéré par les pouvoirs publics comme capable de se poser en véritable secteur économique à part entière, il fournirait aujourd'hui une part importante de la production nationale (notamment lait, viande porcine, volaille, pommes de terre et maraîchage). Comment dès lors, et compte tenu des liens organiques étroits (accès au foncier, flux de main-d'œuvre, transferts de biomasse en lieu et place du versement de la rente foncière) qui relient ces deux facettes de l'agriculture ukrainienne, appréhender son fonctionnement et *a fortiori* anticiper son évolution sans analyser *conjointement* les différents systèmes de production, aussi contrastés soient-ils, au sein même du même village ou de la petite région ? (*encadré 4*)

Encadré 4

**Performances des systèmes de production de l'agriculture ukrainienne.
Approche comparée à l'échelle de la petite région agricole**
(d'après Jaubertie, Pardon, Cochet et Levesque, 2010)

Un extrait des résultats obtenus dans l'*oblast* de Jytomyr est présenté à titre d'exemple dans le tableau ci-dessous où trois indicateurs ont été retenus : la valeur ajoutée nette par hectare (VAN/ha) ou « productivité de la terre », la valeur ajoutée nette par actif (VAN/actif) et enfin, le nombre d'emplois occupés pour 100 ha (Nb emplois/100 ha). C'est le système de prix en vigueur pendant la campagne 2008-2009 qui a été utilisé, donc celui qui prédominait une fois retombée la fièvre des années 2007-2008.

Types d'exploitations	VAN/ha grivna *(euros)**	VAN/actif grivna *(euros)**	Nb emplois/ 100 ha
1/ Exploitations de polyculture-élevage directement issues des anciennes structures soviétiques : 2 000 ha en orge, blé, avoine, colza, soja et tournesol, un peu de maïs et prairie temporaire, 100 vaches laitières à 2 200 l, 80 actifs, équipement hétéroclite et en partie usagé	2 500 *(230)*	60 000 *(5 600)*	4
2/ Exploitations spécialisées en grande culture : 500 à 3 000 ha en orge, blé, avoine, colza, soja et tournesol, travail du sol simplifié et semoirs de précision, matériel de grande capacité, neuf et importé, résultats économiques donnés pour 1 000 ha, 11 actifs	1 600 *(150)*	142 000 *(13 000)*	1
3/ Agroholding spécialisée en grande culture 5 000-30 000 ha. Résultat pour une des exploitations de l'agroholding : 5 000 ha en orge, blé, avoine, colza, soja et tournesol, parc de matériel neuf et importé, 33 actifs	1 800 *(170)*	270 000 *(25 000)*	0,7
4/ Petites exploitations familiales 10 à 30 ha en faire-valoir direct (une part foncière de 4 ha + terre de réserve), un tracteur 40 cv usagé, céréales + cultures fourragères + potager, 4 vaches laitières à 4 000 l, lait vendu au marché, + 2 porcs + volailles, 3 actifs, résultats économiques donnés pour 15 ha	4 200 *(400)*	21 000 *(1 960)*	20
5/ Micro-exploitations de polyculture-élevage en travail manuel (exploitations de la population) : 1 ha dont 35 ares de lopin et 75 ares loués sur les terres de réserve + 0,6 ha de pâturage collectif/vache (+ 1 part foncière de 4 ha cédée en location), 1 vache laitière à 4 000 l (lait vendu à l'usine), 2 porcs + volailles, 2 actifs	10 000** *(950)*	9 000 *(840)*	110
6/ Micro-exploitations de polyculture-élevage en traction attelée (exploitations de la population) : 2 ha dont 50 ares de lopin + 1,5 ha loués sur les terres de réserve + 0,6 ha de pâturage collectif/vache (+ 1 part foncière de 4 ha cédée en location), 2 vaches laitières à 4 000 l (lait vendu à l'usine), 2 porcs + volailles, 2 actifs	6 000 *(570)***	10 700 *(1 000)*	55

* Taux de change euro/*grivna* 2009 : 10,5.

** Ce calcul tient compte de la surface équivalente à la part de la rente foncière versée en nature sous forme de grains destinés à l'alimentation animale, soit environ 0,2 ha de surface.

La comparaison des résultats consignés dans le tableau ci-dessus fait apparaître les résultats suivants :

– la VAN/ha, ou productivité de la terre, est de l'ordre de 140-230 euros/ha dans les grosses structures d'exploitations, de l'ordre de 400 dans les petites exploitations familiales de polyculture-élevage cultivant directement quelques parts foncières, et de l'ordre de 570 à 950 euros/ha dans les « exploitations de la population », ces dernières se révélant ainsi 3 à 5 fois plus productives, par unité de surface, que les entreprises de grande taille, et ce bien qu'elles valorisent souvent des terres de moindre potentialité agronomique (pâturage) ;

– la hiérarchie des résultats est évidemment inverse en ce qui concerne la productivité du travail, les moyens de production mis en jeu (outils manuels, traction attelée ou équipement motorisé) induisant bien évidemment de forts contrastes. Ainsi, la VAN/actif est de l'ordre de 950 euros dans les exploitations de la population et de l'ordre de 1960 euros/actif dans celles qui exploitent directement leurs parts foncières. Elle est six fois supérieure dans les structures héritières des kolkhozes et sovkhozes (environ 5 600 euros) et s'établit entre 13 000 et 25 000 euros/actif dans les exploitations spécialisées en grandes cultures dotées d'un matériel neuf ;

– en matière d'emplois créés ou maintenus par unité de surface, on constate que les entreprises les mieux équipées créent peu d'emplois (un emploi pour 150 hectares) alors que les grosses exploitations issues des anciennes structures collectives, ayant conservé des productions animales, emploient six fois plus de travailleurs par unité de surface (4 emplois/100 ha). Les exploitations de la population font vivre beaucoup plus de monde par unité de surface, le nombre d'emplois s'établissant de 60 à 110/100 ha.

Peu efficaces en matière de création d'emplois et de création de richesse par unité de surface, les entreprises agricoles sont bien sûr les exploitations dans lesquelles la productivité du travail est la plus élevée. Mais le niveau atteint par ce dernier critère de performance (20 à 25 000 euros par actif dans les agroholdings étudiées) est extrêmement sensible aux prix internationaux des grains et à celui des engrais de synthèse et de l'énergie fossile. Malgré d'indéniables avantages comparatifs en matière de structure parcellaire et de conditions pédologiques (dans les régions des « terres noires »), la faiblesse relative des rendements (40 à 45 qx/ha maximum en blé et orge d'hiver) et leur irrégularité (nombreux aléas climatiques) limite l'efficacité agronomique et économique de ces systèmes.

Ces entreprises apparaissent en revanche extrêmement rentables du point de vue financier, ce qui explique largement leur développement récent. Des taux de rentabilité des capitaux engagés supérieurs à 10 %, voire 20 % peuvent être espérés. Deux facteurs expliquent cette haute rentabilité financière des capitaux investis : le bas niveau des loyers (12 à 25 euros/ha/an seulement) et le faible niveau des salaires, un tractoriste-mécanicien ne coûtant guère plus de 200 à 300 euros/mois à son employeur. Ce sont donc les modalités de répartition de la valeur ajoutée, et non son niveau, qui expliquent la rentabilité financière des capitaux investis dans ces entreprises agricoles.

Dans l'exemple ukrainien développé dans l'encadré 4, le choix des critères économiques retenus permet d'éclairer différemment les « performances » relatives des différentes formes de production en présence. La mesure de l'emploi créé (ou maintenu) dans le cadre des différents systèmes de production permet quant à lui d'apprécier l'efficacité de chacun d'entre eux dans ce domaine-là, particulièrement sensible dans un pays soumis à un chômage et à une émigration massive.

L'AGRICULTEUR, *HOMO ŒCONOMICUS* ?

Homo œconomicus

En agriculture comparée, il est de coutume de poser comme axiome de départ que les agriculteurs, où qu'ils se trouvent dans le monde, « ont de bonnes raisons de faire ce qu'ils font » et qu'en conséquence, il faut s'efforcer de rechercher ces raisons, surtout si le diagnostic ainsi réalisé doit conduire à l'élaboration de propositions de modification des pratiques. Le comportement des agriculteurs serait-il « rationnel » en toutes circonstances ? Répondre oui à cette question, du moins à titre d'hypothèse de travail, reviendrait donc à faire nôtre l'axiome de base de la théorie néoclassique, le principe universel de rationalité. En réalité, les choses ne se posent pas tout à fait en ces termes.

Dans notre démarche de retour au terrain et à l'enquête, démarche revendiquée comme *subversive* au sens où elle va à l'encontre du « savoir » venant d'en haut, reconnaître une égale rationalité à ce qui vient d'en bas n'est pas un vain mot[2]. Que ce soit à propos des paysanneries du Tiers Monde auxquelles on a pendant trop longtemps et encore trop souvent aujourd'hui nié toute forme de rationalité, ou qu'il s'agisse des agriculteurs français qualifiés de « traditionnels », cette *rationalité retrouvée* permet d'élargir le champ d'analyse et d'ouvrir un domaine de connaissances insuffisamment exploré (*supra*).

Cependant, appliquer le « principe de rationalité » aux agriculteurs, où qu'ils se trouvent placés et quels que soient leurs moyens de production, ne relève pas de la simple transposition au secteur agricole de cet axiome de base de la théorie néoclassique. Il est au contraire porteur d'un renversement complet de vision des choses par rapport à une situation où les décisions des agriculteurs, leurs choix, seraient très largement dictés par la coutume, la routine, la tradition, explications habituellement considérées comme autant d'artefacts par les théoriciens de l'*Homo œconomicus*, pour lesquels ces « résidus archaïques » ne seraient qu'imperfections du marché. Faire l'hypothèse que les agriculteurs « ont de bonnes raisons de faire ce qu'ils font », et donc rechercher dans l'enchaînement de leurs gestes et décisions une *rationalité*, revient à étendre, mais en le transformant très largement, ce principe de rationalité bien au-delà du cercle étroit de la rationalité au sens des agents régulés par le simple marché.

Si les agriculteurs sont des êtres rationnels et prennent généralement des décisions conformes à leur intérêt, dans la limite bien sûr des moyens – matériels, humains, cognitifs – auxquels ils ont accès, rien n'indique par contre que tous aient les mêmes intérêts, encore moins que la maximisation de leur production ou de leur revenu soit toujours placée devant les autres, comme l'a montré Marc Dufumier (1985). Par ailleurs, l'agriculteur prend des décisions rationnelles pas seulement en fonction du panel de facteurs de production régulés par le marché et auquel il a

---

2. Jean-Pierre Deffontaines fut un des premiers à « oser » faire des pratiques paysannes un objet de recherche digne d'intérêt pour un organisme de recherche comme l'Inra, non sans peine… Cette approche est retracée dans J.-P. Deffontaines, E. Landais et M. Benoît (1988) : *Les pratiques des agriculteurs, point de vue sur un courant nouveau de la recherche agronomique*.

accès, mais aussi en fonction des conditions, règles et institutions *historiques* d'accès à ces facteurs et dans l'optique d'une *optimisation plurielle* (quantité et qualité de l'autoconsommation, sécurité, accroissement du revenu monétaire, maintien de la fertilité à long terme…), bref une rationalité *située* dans un contexte historique, social et cognitif donné. Si les décisions prises par les agriculteurs sont en général assez conformes à leurs intérêts (pluriels), le calcul économique permettant souvent de contribuer à comprendre ces décisions, les choix individuels ne peuvent s'effectuer que dans le champ des possibles ouvert à un moment donné de sa trajectoire par un système de production donné (*supra*).

Pour autant, si les processus et institutions historiquement développés pèsent très lourd sur les choix opérés par nombre d'agriculteurs de par le monde, justifiant ainsi une certaine méfiance par rapport aux chiffres et au « tout-économique », cette position ne doit pas conduire à un rejet de toute forme de quantification, bien au contraire. Pour peu que la collecte des données soit menée au cours d'un minutieux travail de terrain, réalisée par le chercheur lui-même, guidée par des concepts clairs et sur la base d'un échantillonnage raisonné, le calcul économique peut se révéler d'une redoutable efficacité pour expliquer la diversité des situations et des trajectoires, pour mettre en évidence les réels coûts d'opportunité attribués par les producteurs aux moyens de production auxquels ils ont accès et à leur force de travail, ainsi que les avantages – ou désavantages – comparatifs réels dont ils peuvent disposer dans le jeu de la concurrence mondiale. C'est pourquoi il est regrettable que de tels efforts de quantification économique soient parfois jugés inutiles, ou irréalisables (ou soigneusement évités…) au nom du rejet d'un *économiscisme* excessif, rejet parfois invoqué au nom d'un institutionnalisme survalorisant quelque peu les facteurs « culturels » ou les institutions « traditionnelles » devant lesquelles s'effacerait la rationalité proprement économique des agriculteurs.

Le « facteur culturel », la tradition…

Si cette question est abordée ici, à propos de l'approche économique en agriculture comparée, c'est précisément parce que la reconnaissance de cette rationalité économique, au sens large nous l'avons vu, laisserait peu de place aux explications de type « culturel » dans la compréhension des pratiques agricoles. Mais quels sens donner à ces « facteurs culturels » et quelle place leur accorder ?

Pendant longtemps, le « facteur culturel » ou « les mentalités » ont servi d'alibi à la négation des savoirs et des savoir-faire des agriculteurs, ou du moins à rejeter leurs pratiques dans le domaine du « traditionnel », de « l'archaïque » ou du folklorique. Ce fut vrai à peu près partout dans les sociétés dominées pendant toute la période coloniale ; c'est toujours le cas dans la plupart des institutions et projets de développement des pays du Sud où l'on invoque « les mentalités » pour tenter d'expliquer le manque d'enthousiasme, pour ne pas dire la franche hostilité, des populations à la vulgarisation de tel ou tel paquet technique « moderne » ; et cela semble aussi le cas, dans un pays comme la France, si l'on en croit le nombre de « typologies » d'agriculteurs basées sur des catégories telles que « ceux qui vont de l'avant », « les suiveurs » et les « traditionnels ».

J'ai signalé plus haut, à propos des vertus de l'enquête de terrain, combien de pratiques et comportements étaient restés incompris par les agronomes, et *a fortiori* par les économistes, parce que rejetés dans l'irrationnel avant même d'avoir été observés un peu sérieusement. « Expliquer l'inexpliqué par l'inexplicable », selon l'expression de Jean-Pierre Olivier de Sardan (1995), n'est-ce pas le refuge du chercheur ou du praticien du développement devant une réalité qu'il ne comprend pas ? De telles explications, par le facteur culturel ou l'irrationnel, ont aussi été brandies partout de par le monde pour asservir les groupes dominés « paresseux par nature », ou « *flojos* »[3].

Parfois encore, et plus récemment, la réintroduction du « culturel », menée en réaction à un économiscisme qui serait la panacée de la pensée occidentale, a aussi conduit à un anti-développement radical, au nom de l'identité culturelle et, de plus en plus souvent, au nom d'une écologie radicale élargissant parfois le conservationisme aux sociétés rurales elles-mêmes. Dans le même ordre d'idée,

> d'aucun chantent les beautés et pertinences des pratiques « traditionnelles » et des savoirs ancestraux et populaires ignorés et détruits par la brutale imposition des techniques industrielles. L'invocation de la tradition et des ancêtres fait remonter ces pratiques et savoirs à la nuit des temps [...] cela épargne d'avoir à considérer les praticiens d'aujourd'hui comme producteurs de leurs propres savoirs et pratiques, et c'est ainsi manifester une condescendance du même ordre que la prétention du scientisme à l'exclusivité (Darré, 1999, p. 92)[4].

En fait c'est surtout lorsque facteurs culturels et traditions (qu'ils soient méprisés ou au contraire idéalisés importe peu) sont considérés comme immobiles et invoqués abusivement pour expliquer telle ou telle pratique que leur usage paraît suspect et stérilisant. Invoquer sans mesure la tradition, c'est considérer que les agriculteurs « n'ont pas produit et ne produisent pas la connaissance qui dirige leurs pratiques ; ils sont censés n'avoir d'autres ressources en la matière que le *venu-d'ailleurs* ou le *déjà-là* » (*op. cit.*, p. 93). En fait, la tradition n'existe pas en tant que telle, ou alors il faut parler *d'ensemble de pratiques en mouvement* comme le suggère Jean-Pierre Darré (*op. cit.*).

Si invoquer les facteurs « culturels » revient à fuir tout ce qui relève du « technique », du « matériel », ou exprime un ras-le-bol du « matérialisme vulgaire », il s'agit là d'une fuite ou d'un constat d'échec par rapport à la compréhension du réel. Si au contraire nous considérons que les pratiques expriment une partie des relations que les hommes tissent avec leur environnement et que ces relations font précisément partie de leur « culture », ce que personne, ne contestera[5], alors la

---

3. Ce dernier terme, espagnol, est encore très couramment employé par certains agronomes latino-américains pour désigner les indiens.

4. Un exemple d'idéalisation quasi mystique des « pratiques ancestrales » est donné aujourd'hui par certains mouvements indigénistes des pays andins.

5. François Sigaut va même plus loin : « Le milieu n'est pas donné d'avance. Il dépend de ce que les gens savent et de ce qu'ils font, c'est-à-dire de leur culture. L'environnement d'une société fait partie intégrante de la culture de cette société [...] ce qu'il y a de pertinent dans la nature fait partie de la culture... » (Sigaut, 1981, p. 291).

culture matérielle des gens réapparaît avec force au cœur de l'analyse. Et les recherches en agriculture comparée conduisent bien souvent à redécouvrir cette culture pourtant enfouie, oubliée ou refoulée devant les jugements de valeur trop souvent portés par les agronomes.

Inverser cette tendance et refuser en première analyse ce genre d'explications « culturelles », s'interdire de basculer dans cette facilité, se méfier *a priori* des explications culturelles avant que ne soient explorées d'autres sources de compréhension possibles, tel devrait être en quelque sorte le premier « réflexe » de toute démarche en agriculture comparée. La culture serait-elle ainsi « ce qui reste quand on a tout envisagé »[6] ? Pas davantage, car il ne s'agit pas non plus de se tourner vers le culturel « en dernier recours » (ce dernier recours dépendant d'ailleurs fortement du degré d'approfondissement de la recherche), mais plutôt de voir dans quelle mesure et pourquoi « manière d'être » et « manière de faire » peuvent s'épauler mutuellement ou être, tout simplement, compatibles[7]. Découvrir des correspondances entre manière d'être et manière de faire, constater que les pratiques « collent » aux représentations ne signifie pas que l'explication culturelle peut suffire, mais plutôt que la culture a des bases matérielles. À ce sujet, j'ai démontré dans le cas du Burundi que toute l'idéologie du sacré dans l'ancien royaume du Burundi, rappelée chaque année à l'occasion des rites agraires, était venue cristalliser dans les représentations collectives le nouveau calendrier agricole à deux récoltes annuelles (généralisé après introduction au XVIIIe siècle des plantes d'origine américaine) et pilier économique du royaume. En ce sens, réhabiliter les pratiques, n'est-ce pas aussi réhabiliter la culture ?

Par ailleurs, les conduites technico-économiques des exploitants agricoles étant des phénomènes individuels, elles relèveraient donc, pour certains, du domaine de la psychologie. C'est ce qui inspire, par exemple, le fait de mettre en avant le goût pour le risque des uns, le tempérament « frileux » des autres, pour expliquer la diversité ; et c'est ainsi qu'ont été élaborées tant de typologies d'exploitants, d'un côté isolant « ceux qui vont de l'avant » et de l'autre rejetant les « traditionnels » pour qualifier les groupes intermédiaires de « suiveurs ». À propos de ces classifications, Jean-Pierre Darré a bien montré comment les relations de domination entre « ceux qui savent » et « ceux qui font » sont telles que les agriculteurs se classent eux-mêmes en fonction de ces catégories prédéterminées[8] (Darré, 1999). Que certains agriculteurs soient plus portés que d'autres à « innover », parce que, notamment ils y ont intérêt et en ont les moyens, n'est pas douteux. Mais rechercher dans la psychologie de tel ou tel individu une propension plus ou moins marquée à la prise de risque n'est pas ni dans notre propos ni dans

---

6. L'expression est de Pierre Dumolard (1981).

7. Une telle correspondance entre façon de faire et façon de penser a été étudiée dans le cas des Andes centrales, à propos des assolements collectifs (Morlon, 1992, p. 103-104).

8. Voir aussi le paradigme des « *diffusion studies* » présentée par J.-P. Olivier de Sardan et pour lesquelles les agriculteurs pourraient être classés en cinq catégories vis-à-vis de leur attitude face à l'innovation : les pionniers, les innovateurs, la majorité précoce, la majorité tardive et les retardataires (*op. cit.*, 1995, p. 82).

nos compétences[9]. En outre, il est peu probable que cette « qualité » puisse être isolée de l'histoire et des modalités de l'accumulation propre à la trajectoire de l'unité de production en question.

---

9. Jean-Pierre Darré montre bien les limites de ces « descriptions psychologisantes » : « accorder la place à ce qui est, dans l'explication des actes, hors de raison [...] entraîne deux conséquences. La première, c'est que je dois considérer que les gens ne savent pas pourquoi ils agissent comme ils le font, et la seconde est que je dois suspecter tout ce qu'ils me disent et chercher le visage caché derrière le masque... les « vraies raisons » derrière leurs raisons » (1999, p. 77).

Chapitre 11

Agriculture comparée et évaluation

L'évaluation des projets, des programmes de développement, ou de telle ou telle mesure de politique agricole repose sur un principe simple : mesurer un différentiel entre deux situations, celle résultant de la mise en place du projet/programme/ politique, d'une part, et celle qui aurait prévalu si le projet n'avait pas été mis en place d'autre part, comme le rappellent la plupart des ouvrages et manuels consacrés aux méthodes d'évaluation de projet (Bridier and Michailof, 1980 ; Casley and Lury, 1982 ; Gittinger, 1985 ; Dufumier, 1996b ; Baker, 2000). Ainsi, la mise en évidence des effets directs et indirects réellement imputables à un projet ne peut être abordée qu'en reconstituant ce différentiel entre d'une part un scénario « avec projet » (sur la durée correspondante à la « durée de vie fonctionnelle » estimée des investissements réalisés) et d'autre part un scénario « sans projet », également dénommée « situation contrefactuelle ».

La difficulté principale consiste à isoler les effets du projet ou de la politique en question des évolutions déjà en cours et qui ne lui seraient pas imputables. Seul le différentiel (mesuré en termes d'impact sur telles ou telles catégories d'agent ou en termes d'avantages et de coûts pour la collectivité) représente bien l'effet du projet sur la réalité et mesure son véritable impact. Les interventions publiques en matière de développement agricole s'inscrivent toujours dans une dynamique agraire qui les dépasse très largement et qui n'est que partiellement influencée, modifiée, ralentie ou au contraire accélérée par ces interventions. C'est donc bien cette dynamique qu'il faut percevoir préalablement pour pouvoir formuler les bonnes questions en matière d'impact des projets de développement. La justesse des conclusions avancées dépendra en grande partie de la compréhension des transformations anciennes et récentes du système agraire et, par là, des trajectoires d'évolution identifiées pour chaque catégorie de producteurs. C'est là que les méthodes et savoir-faire de l'agriculture comparée peuvent se révéler très efficaces et conduire à une mesure au plus près du réel du véritable impact de tel ou tel projet ou mesure de politique agricole.

L'ÉVALUATION SYSTÉMIQUE D'IMPACT

Pour évidente qu'elle soit, l'idée de mettre en évidence un différentiel *[avec – sans projet]* n'est pourtant pas toujours mise en œuvre, loin de là, notamment parce que la reconstitution du scénario *sans* projet se heurte à de nombreuses difficultés et repose trop souvent sur quelques *a priori* ou choix subjectifs de l'évaluateur[1]. Comment aurait évolué la situation du « groupe-cible » en l'absence de projet ? Parmi les changements observés, quels sont ceux qui sont réellement imputables en tout ou partie, au projet ? Quels sont ceux au contraire qui auraient eu lieu de toute façon si le projet n'avait pas été mis en place ? Et sur quoi se baser pour aborder cette question ? Devant de telles difficultés, nombreux sont les évaluateurs qui se contentent de comparer la situation qu'ils peuvent effectivement observer et mesurer (la situation « *avec* projet ») avec la situation de départ, « *avant* projet », pour peu que cette dernière ait été convenablement analysée.

Le fait d'utiliser la « situation de départ » en lieu et place d'un scénario contrefactuel (situation sans projet) à reconstruire repose en fait sur une hypothèse implicite lourde de sens, celle de l'immobilisme des sociétés rurales et de leur incapacité à se transformer et à évoluer hors projet ou intervention exogène. Bien que largement infirmée par les faits comme en témoignent les nombreux travaux réalisés dans le monde sur cette question, de nombreux « développeurs » et « évaluateurs » se contentent encore trop souvent de cette idée, par trop rassurante, que tout serait resté à l'identique, constant, si l'intervention sous forme de projet n'avait pas eu lieu.

Par ailleurs, les effets directs et indirects des projets de développement agricoles sont souvent nombreux et fort complexes à identifier et à mesurer. Les projets de développement agricole proposant en général des innovations susceptibles de se diffuser soit par les canaux formels mis en place par le projet, soit en dehors de ceux-ci, l'une des hypothèses les plus couramment formulées dans les documents de projets est ainsi que la diffusion de leurs effets devrait progressivement s'étendre en « tâche d'huile » aux villages situés au-delà de leurs zones d'intervention (selon la conception introduite dès 1962 par Rodgers). Sans adhérer pour autant à cette vision pour le moins réductrice des chemins de l'innovation, il est indéniable que les projets de développement agricole se traduisent souvent par des effets indirects, tant positifs que négatifs, sur des populations *a priori* non concernées par le projet : revente des intrants diffusés par le projet, adoption partielle des nouvelles techniques diffusées, modification des prix du marché…

D'autre part, des agriculteurs à la tête d'unités de production différentes à l'origine évoluent de façon très dissemblable dans le temps, qu'ils soient ou non concernés par un projet. L'élaboration de scénarios avec et sans projet ne peut donc pas, dans le domaine du développement agricole, se limiter seulement à comparer des individus « concernés » et « non concernés », car ces moyennes n'auraient pas grande signification. La diversité initiale des unités de production doit, au contraire, être préalablement identifiée, servir de base à l'échantillonnage, comme nous l'avons indiqué à propos de la construction des typologies, et donner lieu à une modélisation en termes de systèmes de production.

---

1. Nous renvoyons le lecteur, pour plus de détail, à l'article que nous avons publié sur cette question (Delarue et Cochet, 2010). Voir aussi Delarue (2007).

C'est pourquoi, seule une connaissance fine des facteurs endogènes et exogènes d'évolution et des trajectoires possibles des unités de production, dans le prolongement des dynamiques antérieures, peut permettre d'identifier avec certitude des individus comparables évoluant « avec » et « sans » le projet.

Pour cela, l'évaluation d'impact d'un projet de développement agricole doit être menée dans une petite région agricole, homogène du point de vue de ses caractéristiques agro-écologiques et de ses dynamiques agraires, et pour l'ensemble des systèmes de production qui existaient avant le projet. L'étude du système agraire et de sa dynamique, celle des trajectoires suivies par les différents types d'unité de production, propres à l'agriculture comparée, représente donc le socle de base de l'évaluation. La mesure de l'impact d'un projet de développement agricole résultera donc d'un nécessaire va-et-vient répété entre diagnostic systémique (à différentes échelles d'analyse) et éléments d'évaluation.

En replaçant la démarche systémique au centre de la démarche d'évaluation des projets de développement agricole, l'évaluation *systémique* d'impact permet la construction des scénarios « avec » et « sans » projet pour les différents types de producteurs en présence et permet de mesurer, en termes de différentiel et dans la durée, le ou les indicateurs d'impact choisis.

Une telle démarche permet non seulement de *mesurer* l'impact réel d'un projet, au travers d'un ou plusieurs critères d'évaluation, mais livre également un grand nombre d'informations qualitatives fiables, susceptibles d'orienter favorablement les décideurs dans le sens d'une réorientation du projet ou permettant la formulation de nouvelles interventions.

À titre d'exemple, et pour se limiter à quelques expériences partagées en France avec les étudiants de « l'agro » au cours de travaux de terrain conjoints, on peut citer le cas de la politique de protection des marais du Cotentin mise en place par le parc régional du même nom. L'histoire ancienne est bien connue et ses aspects les plus pittoresques exhibés dans les écomusées de la région ou à la maison du parc. Pourtant, une analyse historique de la dynamique récente des systèmes de production de la région nous a permis de mettre en évidence que les mesures de protection du marais ignoraient en partie les modalités d'utilisation différenciées du même marais par les différents types d'exploitations agricoles riveraines. Il en a résulté la mise en place de mesures visant à favoriser l'exploitation « extensive » du marais (date de fauche tardive, interdiction du regain) que seules les exploitations les mieux dotées, et faisant par ailleurs un usage illimité du maïs ensilage dans les rations, pouvaient adopter. Les petites exploitations laitières, pour lesquelles l'exploitation des ressources fourragères du marais était essentielle dans des systèmes fourragers essentiellement herbagés se trouvèrent exclues *de facto* de l'utilisation proposée par le parc, alors même que leurs pratiques s'avéraient par ailleurs beaucoup plus proches des objectifs déclarés du parc[2].

---

2. Étude réalisée avec Sophie Devienne au cours d'une unité d'enseignement consacrée à l'initiation à l'ingénierie des projets de développement agricole (INIP), hiver 2002. Voir aussi Cochet et Devienne (2002) à propos de l'expérience des CTE.

De la même façon, la réflexion que nous avons animée en 2004 sur l'impact de la mise aux normes des bâtiments d'élevage sur l'avenir des exploitations laitières de la Haute-Amance (département de la Haute-Marne) à partir d'un diagnostic préalable a permis d'entrevoir les conséquences de cette politique sur l'accélération de la restructuration laitière. L'étude a permis de mettre en évidence le lien entre les dynamiques d'accumulation passées, notamment en matière d'investissement dans les bâtiments d'élevage, et les possibilités réelles de mise aux normes par les différents types d'exploitations présents aujourd'hui. Nous avons ainsi pu montrer que les exploitations équipées de bâtiments d'élevage anciens situés dans les villages, effectuant la traite au pot trayeur ou au lactoduc, ne pouvaient faire face à l'investissement, même aidées de subventions, et étaient donc condamnées à cesser leur activité ou à s'associer, dans des conditions peu favorables, à une exploitation de taille plus importante. Les exploitations équipées de bâtiments datant des années 1970 et de lactoduc ou de petite salle de traite se trouvaient dans de meilleures conditions pour réaliser l'investissement, mais allaient connaître une baisse de leur revenu les fragilisant à leur tour à l'avenir. La mise aux normes allait ainsi entraîner la cessation d'activité d'un grand nombre d'exploitations, à court et moyen terme, si importante et si rapide que la question de la reprise des terres et des quotas par les exploitations restantes interpella les responsables professionnels et administratifs locaux[3].

Les incessantes révisions de la politique agricole commune fournissent autant d'occasions de mettre en œuvre une telle démarche et de mettre ainsi en lumière, à l'échelle d'une petite région agricole, l'impact différencié de ces changements sur les systèmes de production en présence. L'impact du découplage d'une partie des soutiens publics sur les exploitations agricoles, les niveaux de production et la localisation des productions, inconnue majeure de cette réforme de la PAC au moment où elle fut décidée, fut ainsi étudié dans quelques petites régions agricoles françaises. L'étude des trajectoires suivies par tel ou tel système de production conduisait alors à relativiser l'impact de cette réforme, notamment sur l'abandon rapide des cultures ou ateliers d'élevage les moins rémunérateurs, que certains entrevoyaient comme inéluctable. La mise en place, en 2010, des mesures décidées à l'occasion du « bilan de santé » de la PAC, notamment la revalorisation des soutiens destinés aux systèmes herbagers, ainsi que les changements à venir programmés pour 2013, pourraient faire l'objet de pareilles évaluations systémiques d'impact.

L'ÉVALUATION ÉCONOMIQUE DES PROJETS DE DÉVELOPPEMENT DU POINT DE VUE DE L'INTÉRÊT GÉNÉRAL

L'approche et la mesure de l'intérêt pour la collectivité (nationale ou régionale) d'un processus de développement agricole induit ou provoqué par un projet ou une

---

3. Étude réalisée avec Sophie Devienne au cour d'une unité d'enseignement consacrée à l'initiation à l'ingénierie des projets de développement agricole (INIP), hiver 2004.

mesure de politique agricole impose à la fois un changement d'échelle et le recours à des outils économiques spécifiques.

Alors que l'évaluation financière permet de mesurer la rentabilité d'une opération, par exemple d'un investissement, du point de vue de celui qui consent cet investissement, les méthodes d'évaluation économique des projets et des politiques permettent d'aborder cette question du point de vue de la collectivité dans son ensemble. En prenant en compte dans le calcul, l'ensemble des effets directs *et* indirects d'un investissement donné, notamment en amont et en aval ainsi que sur le secteur concurrentiel, en mesurant aux *prix de référence* la valeur des biens et des services consommés ou produits et en évaluant à leur *coût d'opportunité* l'ensemble des ressources nationales consommées au cours du processus de production, ce calcul permet de faire apparaître la rentabilité d'un investissement ou d'une filière pour la collectivité nationale, et non plus pour l'investisseur seulement (Gittinger, 1985 ; Dufumier, 1996b, *op. cit.*).

Cette approche représente un changement radical de perspective sur les notions de « rentabilité » ou de « compétitivité » des projets d'investissement publics ou privés dans l'agriculture, changement qui réserve bien des surprises, notamment lorsqu'il permet de mettre en évidence que le développement « durable » d'un pays ne résulte nullement de la simple additivité de projets ou filières pourtant présentés, à juste titre, comme financièrement rentables. À titre d'exemple, on peut citer celui des filières équatoriennes exportatrices de bananes et de crevettes, filières dont la rentabilité est toujours mesurée en termes financiers, la bonne santé financière de l'agro-business étant supposée garante du développement économique du pays, tandis que, au contraire, la production paysanne, « non rentable », n'aurait qu'une place marginale à tenir dans l'économie agricole et relèverait davantage d'une politique sociale[4]. L'approche de ces mêmes filières avec les outils de l'évaluation économique permet de démontrer que la richesse crée par unité de surface, pour impressionnante qu'elle soit (floriculture sous serres, bassins de production de crevettes, bananeraie intensive, par exemple[5]), se traduit par une rentabilité pour la collectivité nationale nettement moindre, du fait notamment de la prise en compte d'un certain nombre d'effets indirects négatifs : coûts élevés en devises des intrants et matériels importés, dévalorisation massive de la production (aux prix « frontière ») par une politique de complaisance fiscale, coûts d'opportunité élevés des ressources foncières et hydriques, externalités négatives en matière de santé, dégâts environnementaux irréversibles, etc.

C'est aussi en termes d'évaluation économique du point de vue de l'intérêt général que devraient être étudiés, et comparés, les projets d'investissements menés à grande échelle par des entreprises étrangères dans les pays du Sud et de l'ex-Union soviétique.

---

4. L'existence au Brésil d'un double ministère de l'agriculture d'entreprise et de l'agriculture paysanne illustre à merveille cette dualité social/économique attribuée au secteur agricole.

5. Voir par exemple les travaux de Pierre Gasselin sur la floriculture équatorienne (2000) et ceux de Dario Cepeda sur la production équatorienne de banane-fruit d'exportation (2009).

Alors que de nombreuses voix se sont fait entendre pour attirer l'attention des opinions et pouvoirs publics sur les conséquences possibles de ces projets en matière environnementale et sociale, la question de leur efficacité *économique*, notamment *du point de vue de l'intérêt général* a par contre été peu abordée, peut-être en raison du fait que beaucoup ne doutent pas un seul instant de cette « efficacité » et du potentiel d'accroissement de la production dont ces projets seraient porteurs (Cochet et Merlet, 2011). C'est pourtant au regard des résultats d'une véritable procédure d'évaluation économique *ex ante* que des réponses pourraient être apportées aux questions suivantes : le projet d'investissement se traduira-t-il bien par un accroissement significatif de la production par rapport à la situation « sans projet » et comment mesurer *ex ante* cet accroissement ? Le projet d'investissement se traduira-t-il par une création nette d'emplois, par rapport à la situation « sans projet » ? Il s'agirait donc de vérifier et de mesurer les gains *nets* du projet par rapport à une situation de référence « sans projet », démarche qui conduirait, dans un certain nombre de cas à remettre en cause l'intérêt de tels projets tant pour le pays hôte que pour l'humanité toute entière (*encadré 5*).

Encadré 5

Pour une évaluation économique *ex ante* des projets d'acquisition d'actifs agricoles dans les Pays en développement (PED) par des investisseurs étrangers

Les projets d'acquisition d'actifs agricoles dans les PED sont très généralement présentés par leurs auteurs, et justifiés, par les considérations suivantes :

– il est impératif d'accroître de façon significative la production agricole (et énergétique) à l'échelle mondiale pour faire face aux besoins croissants de l'humanité (accroissement démographique, généralisation progressive du modèle de consommation des pays du Nord, épuisement prévisible des sources d'énergie fossile) ;

– dans les PED, le secteur agricole n'est pas en mesure de faire face à cet enjeux ; production et productivité stagnent ou n'augmentent pas assez rapidement, notamment en raison d'un manque crucial de capacité d'investissement et d'accès aux technologies modernes ;

– les États, pas plus que les populations concernées (les agriculteurs), n'ayant les capacités d'investissement nécessaires, seuls des investisseurs étrangers (publics/privés) sont susceptibles d'apporter les capitaux nécessaires. En ce sens, les investisseurs étrangers seraient susceptibles de se substituer à la fois à l'Aide publique au développement (APD), orientée à la baisse, et aux agriculteurs locaux ;

– sous réserve d'un accès large au foncier, peu onéreux et stable sur le long terme, accès au foncier qui a donné lieu aux inquiétudes exprimées par de nombreux observateurs en termes de *land grabbing*, les investisseurs étrangers se proposent d'apporter le capital nécessaire à l'accroissement de la production agricole. La main-d'œuvre nécessaire au processus de production pouvant être pour une grande part recrutée sur place, de tels projets d'investissements seraient en mesure de créer de l'emploi en milieu rural.

Que penser d'une telle présentation de ces projets ? Et comment en faire l'évaluation économique du point de vue de l'intérêt général, puisque leurs promoteurs voudraient les voir inscrire dans une stratégie « gagnants-gagnants » ?

Il s'agirait donc de proposer une piste de réflexion permettant de progresser vers la mise en place d'une procédure d'évaluation *ex ante* des projets d'investissement permettant de répondre aux questions suivantes :
– comment s'assurer que le projet d'investissement se traduira bien par un accroissement significatif de la production et comment mesurer *ex ante* cet accroissement ?
– comment s'assurer que le projet d'investissement se traduira bien par une création nette d'emplois et comment mesurer *ex ante* cette création d'emplois ?

Il s'agit donc de vérifier les gains *nets* du projet, c'est-à-dire que la mise en place de l'investissement se traduise bien par un accroissement significatif des indicateurs en question (production, valeur ajoutée, emplois) sur la durée de vie de l'investissement considéré, par rapport à une situation de référence évaluée sur la même durée.

Il est donc impératif de réaliser un diagnostic permettant à la fois de dresser un état des lieux de la situation de départ (avant le projet) en matière d'utilisation des ressources (terre, eau, force de travail, moyens de production) et d'identifier quels seraient les usages alternatifs de ces ressources et facteurs de production dans l'hypothèse où le projet d'investissement ne serait pas réalisé. Ce diagnostic doit permettre de mesurer le réel coût d'opportunité des ressources locales consacrées au projet (coût d'opportunité de la terre, coûts d'opportunité de l'eau dans le cas où le projet comporte un volet irrigation, coût d'opportunité de la main-d'œuvre) et donc d'amorcer une évaluation en termes bénéfices/coûts.

Il est extrêmement fréquent que cet accroissement net (de productions, d'emplois…) soit considéré comme allant de soi dans la mesure où les systèmes agricoles mis en place par les agriculteurs des PED, sont souvent jugés notoirement incapables de produire efficacement et *a fortiori* d'accroître la production dans des proportions suffisantes. Ce type de clichés par trop répandu, notamment chez les investisseurs dépourvus d'expérience dans ce domaine et très récemment convertis à la diversification de leurs portefeuilles d'activité dans le domaine agricole, conduit à sous estimer de façon systématique (1) le niveau de production atteint par ces systèmes agricoles « préexistants », (2) la valeur ajoutée créée par ces systèmes, d'autant plus élevée au regard des rendements obtenus que les niveaux d'intrants utilisés sont souvent bas, (3) la productivité de la terre qui en résulte (valeur ajoutée nette par unité de surface) et (4) la capacité d'évolution de ces systèmes. D'autre part, il est également fréquent de confondre apport de capital et apport de nouvelles technologies. Or, il est avéré par de nombreux travaux scientifiques que le manque crucial (et bien réel) de capital dont souffre le secteur agricole des PED n'exprime pas toujours, loin s'en faut, un déficit en matière de savoir-faire et de technologies.

La mise en place de telle démarche d'évaluation *ex ante* permet d'avancer que le remplacement des systèmes de production préexistants par des systèmes d'exploitation entièrement importés, basés sur la production d'un petit nombre de denrées, selon des itinéraires techniques simplifiés et grands consommateurs d'intrants de synthèse et d'énergie fossile ne se traduit pas toujours par un accroissement significatif de la valeur ajoutée créée et du rapport valeur ajoutée par unité de surface.

Il convient de rappeler que la plupart des projets d'investissement pressentis dans les PED concernent des espaces bénéficiant de conditions éminemment favorables à l'agriculture (fertilité des sols, ressources en eau, accessibilité) et donc occupés depuis longtemps par des sociétés agricoles souvent caractérisées par une densité de population relativement forte et des systèmes de production intensive en travail. C'est pour cette raison qu'une proportion importante des emplois créés risque d'être réalisée en substitution d'emplois déjà existants, ce qui se traduirait par une création nette d'emploi nettement inférieure (voire négative dans certains cas) aux objectifs affichés. Par ailleurs, dans le cas où la force de travail locale serait employée dans le cadre du projet, il convient de vérifier que le coût d'opportunité de cette force de travail (la valeur ajoutée qu'elle serait en mesure de produire si elle était affectée à des usages alternatifs, notamment dans les systèmes de production locaux) ne soit pas prohibitif et ne vienne réduire le différentiel de valeur ajoutée créé par l'investissement.

Il convient donc d'être prudent par rapport à certaines affirmations hâtives qui verraient dans ces investissements la porte ouverte à la conquête de terres « vierges » (c'est-à-dire inexploitées et pour lesquelles le coût d'opportunité de la terre des ressources hydriques et de la force de travail serait nul). De telles situations existent bel et bien mais correspondent soit à une situation de front pionnier (avec un impact considérable en matière d'environnement), soit à la mise en valeur d'espaces laissés momentanément en friches par suite des perturbations liées à l'effondrement de l'ex-URSS (exemple en Ukraine et Russie). Partout ailleurs, les investissements réalisés à grande échelle par des agents publics ou privés étrangers se traduisent toujours par une substitution de systèmes agraires préexistants par de nouveaux systèmes, les réels progrès en matière de production de valeur ajoutée et de création d'emplois devant alors être démontrés *ex ante*.

Dans le contexte français, plusieurs projets de développement agricole ont été soumis à pareille évaluation par des équipes de chercheurs et évaluateurs mettant en place les savoir-faire de l'agriculture comparée en la matière. Le cas des systèmes bovins herbagers de l'Ouest engagés dans une démarche d'agriculture durable a été évalué par Nadège Garambois et Sophie Devienne (2010). Elles démontrent ainsi, en comparant l'évolution d'un groupe d'agriculteurs engagés dans cette démarche depuis 20 ans avec celle d'un groupe « témoin », que ces systèmes de production nouveaux sont non seulement rentables pour les agriculteurs qui s'y sont engagés (diminution des coûts importante), mais qu'ils apportent une participation indéniable au développement régional ou national par la création d'emplois directs et indirects qu'ils ont facilitée et par le supplément de valeur ajoutée crée à cette échelle-là (en intégrant donc les valeurs ajoutées indirectes amont et aval)[6].

Un autre exemple est fourni par l'évaluation économique des réservoirs collectifs, destinés à l'irrigation et à la production de légumes de plein champ, qui furent construits dans les années 1980 et 1990 dans les côteaux du Béarn. En prenant en compte l'ensemble des avantages directs et indirects de l'irrigation, tant sur les systèmes de production agricole concernés que sur les filières amont (approvisionnement des producteurs) et aval (industries agro-alimentaires, notamment) ainsi que l'ensemble des coûts générés par ce type de projet – investissements (construction du barrage et du réseau, investissements individuels des

---

6. Voir aussi Garambois (2011).

agriculteurs irriguant, etc.) et fonctionnement (au niveau de tous les acteurs concernés) – il a été mis en évidence la contribution spécifique de l'irrigation au développement économique régional, contribution qui justifie *a posteriori* ce type de projet mais qui permet aussi de mesurer leur « sensibilité » au coût d'opportunité attribué à l'eau d'irrigation (Cochet, Ducourtieux et Dufumier, 2010).

Ces outils de calcul de l'évaluation économique, notamment la méthode dite « des prix de référence » n'ont rien de spécifique à l'agriculture comparée. En revanche, leur usage combiné à l'analyse des processus concrets de production permet de mettre en évidence les réels coûts d'opportunité des ressources employées (terre, capital et travail mobilisés dans les processus productifs) et de calculer des « prix de référence » qui mesurent au mieux l'avantage pour la collectivité ou, au contraire, le coût de la production ou de la consommation de tel ou tel bien ou service. En faisant le lien entre les démarches « classiques » d'évaluation économique et l'approche en termes de système agraire des dynamiques agricoles, l'agriculture comparée permet ainsi de rendre ces évaluations plus pertinentes, parce que davantage reliées aux processus de production, à leur dynamique et différenciation[7].

---

7. En matière d'évaluation des politiques et des projets de développement agricole, voir également Bazin (1999) et Ducourtieux (2001 ; 2010).

Conclusion

L'agriculture comparée a surtout été le fait d'agro-économistes. Par le corpus très vaste de connaissances qu'elle se doit de mobiliser, et parce que son objet dépasse largement le processus technique de production, l'agriculture comparée est bien, avant tout, une science sociale. Les proximités scientifiques mentionnées avec la géographie rurale, l'histoire, l'économie et la technologie de l'agriculture (mais l'exercice aurait pu être étendu à l'anthropologie, à l'ethnologie ou à la sociologie…), donnent une idée de ce socle commun de connaissances qu'il convient de rassembler autour de cet objet d'étude, le développement agricole. L'agriculture comparée se situe donc au carrefour des sciences sociales et des sciences du vivant et attache la plus grande importance à l'interface technique/social. Le fait de relier, par exemple, la mesure des performances économiques d'un système de production agricole aux impératifs de son *fonctionnement* technique, ou celui de replacer un mode d'exploitation d'un écosystème dans sa trajectoire d'évolution historique et par rapport aux rapports sociaux qui se sont noués autour de l'accès aux ressources, illustrent la profondeur accordée à cette interface et les moyens mis en œuvre pour l'appréhender dans toutes ses dimensions.

Mais l'agriculture comparée n'est faite ni d'emprunts ni d'apports successifs d'autres disciplines ; elle ne saurait être un empilement d'approches plus ou moins compatibles autour d'un objet commun, l'agriculture. Il ne s'agit pas non plus d'une discipline de synthèse, au sens où elle se serait constituée comme synthèse d'autres disciplines, et il ne saurait être question de prétention universaliste ou englobante. Les proximités soulignées démontrent simplement la nécessité de faire appel autant que de besoin à toutes ces disciplines et invitent ainsi au dialogue pluridisciplinaire.

Aujourd'hui, l'agriculture comparée se trouve confrontée à une triple exigence :

– poursuivre une recherche *cognitive* sur les systèmes agraires, leurs origines, leur différenciation et leurs transformations contemporaines, ainsi que sur les crises, transitions ou révolutions agricoles qui ont pu jalonner le passage de l'un à l'autre ; amplifier un effort de synthèse théorique et de synthèse à différentes échelles d'analyse et continuer la réflexion sur l'amélioration et l'adaptation des concepts qui fondent cette discipline. Elle doit poursuivre et approfondir la comparaison des processus de production à l'échelle mondiale pour (1) mieux comprendre chacun d'eux grâce à l'approche comparatiste dont il a été question tout au long de cet ouvrage, (2) comparer les productivités pour une même denrée produite ou catégorie de produit et ainsi anticiper les évolutions à venir, notamment dans l'évolution de la localisation des productions à l'échelle mondiale, (3) identifier et mesurer les conséquences de la mise en concurrence de ces mêmes régions sur la dynamique des systèmes de production et leurs résultats économiques, notamment en termes d'emploi et de revenu et (4) élargir ces comparaisons à la mesure des impacts différenciés des systèmes agraires et des systèmes de production sur les dynamiques environnementales tant à l'échelle régionale que globale ;

— contribuer à éclairer le débat public et les décisions des décideurs en ce qui concerne les processus de production à promouvoir par son approche comparatiste de ces processus, de leur trajectoires et de leur différenciation et sa capacité à mesurer leurs résultats en matière de production quantitative et qualitative, en matière de création de richesse et de revenu, en matière de maintien ou de création d'emplois, du point de vue aussi des formes d'artificialisation des écosystèmes et de ses conséquences environnementales. Elle doit contribuer à animer une recherche directement utile pour les professionnels du développement agricole, une recherche *finalisée* au service du développement, au service de la formulation de projets et de politiques, et au service de l'évaluation de ces projets et politiques ;

— contribuer, en matière de formation supérieure, à doter les professionnels du développement d'une solide culture générale sur les différents processus agricoles dans le monde et à les rendre capables eux-mêmes d'appréhender les situations complexes dans lesquels ils sont amenés à intervenir. Elle doit enfin les munir à la fois de l'humilité scientifique que tout praticien devrait avoir devant l'héritage agraire de l'Humanité, de l'esprit critique indispensable à toute démarche scientifique et de la créativité nécessaire à l'élaboration de projets socialement et techniquement innovants.

Cette ambition peut apparaître démesurée. Pourtant, dans la mesure où les questions soulevées aujourd'hui sur l'avenir de la planète, celui des écosystèmes et des différentes formes d'agriculture dans le monde, appellent des réponses à la fois globales et localisées, intégrées et particulières, systémiques, pluridisciplinaires, l'agriculture comparée apparaît particulièrement bien placée pour les aborder, peut-être par cette sorte d'effet *hétérosis* résultant du croisement d'approches, et de combinaisons d'échelles spatiales et temporelles.

Quant à l'approche historique, celle qui permet de resituer l'intervention du praticien et de l'ingénieur spécialiste du développement agricole dans le processus sur lequel il essaie d'intervenir, elle semble plus que jamais nécessaire. C'est pourquoi l'approche historique est doublement utile :

> Elle fait sentir au planificateur enthousiaste la force des enchaînements qu'il devra rompre s'il veut leur substituer d'autres séquences d'évolution. Elle suggère au planificateur devenu plus modeste de rendre ses schémas d'intervention compatibles avec le cours quasi irrésistible des choses (Philippe Couty, 1981, *op. cit.*).

L'historicité des processus de développement agricole, mise en évidence par l'agriculture comparée, nous projette aussi dans le temps long du développement durable. Cette dernière notion exige que « le temps court de l'action ordinaire s'inscrive dans le temps long des processus intergénérationnels et de l'évolution des ressources naturelles » (Boiffin, Hubert, Durand, 2004, p. 6).

Dans la première partie de sa carrière, celle que l'on peut qualifier de « productiviste » avec toutes les précautions qu'appelle l'usage de ce terme, René Dumont se proposait de « comparer pour améliorer », comparer pour développer. Une génération après le début de la révolution agricole, c'est à une véritable critique radicale du type de développement issu de cette révolution que s'est consacré René Dumont. Force est aujourd'hui de constater qu'il en perçut les dérives et les effets pervers, les « externalités négatives », dirait-on aujourd'hui, avant beaucoup d'autres. La proximité du terrain, une certaine distance maintenue d'avec les théories globalisantes et les « modèles » de développement prônés ici ou là ont permis très tôt de pointer du doigt le cortège d'effets négatifs générés intrinsèquement par ce développement agricole là : perte massive d'emplois directs dans le secteur agricole et accroissement spectaculaire du chômage (une fois taries les possibilités de transfert vers d'autres secteurs économiques), dégradations environnementales diverses et parfois irréversibles, consommation déraisonnable de ressources non renouvelables, différenciation accrue et paupérisation de larges franges de la paysannerie mondiale, etc.

En découvrant l'envers du décor de ce type de développement, le revers chaotique de la médaille, l'agriculture comparée s'est de plus en plus tournée vers une démarche critique du développement. Aujourd'hui encore, et malgré l'émergence de questions transversales qui remettent en question les cloisonnements disciplinaires, une telle critique méthodologique continue de déranger. Pourtant la critique du « développement » ne devrait plus être seulement considérée comme une prise de position contestataire comme ce fut le cas à l'époque de René Dumont ; elle participe aujourd'hui d'une interrogation sociétale à laquelle rares sont les disciplines qui peuvent se soustraire. De ce point de vue, l'agriculture comparée a pu être, quoique modestement, à l'avant-garde de ces questionnements. C'est pourquoi aujourd'hui, elle doit être à la fois une force de diagnostic lucide et sans complaisance, et une force de proposition au service d'un développement qui s'inscrirait dans la durée, le développement durable ; en même temps qu'elle poursuit sa réflexion critique sur le développement, y compris « durable », elle se doit de participer à faire émerger :

> les modèles techniques, les formes organisationnelles et les mécanismes de régulation qui permettent d'assurer une transition vers un développement durable assumé dans ses différentes dimensions : viabilité économique, durabilité écologique, équité sociale (Boiffin, Hubert, Durand, 2004, p. 7).

Références bibliographiques

AGLIETTA M., 1981, « Crises et transformations sociales », *Problèmes économiques*, n° 1 723, 13 mai 1981.

APOLLIN F. et EBERHART C., 1999, *Análisis y diagnóstico de los sistemas de producción en el medio rural, guía metodológica*, Quito, CICDA/RURALTER.

ASSIDON E., 2000, *Les théories économiques du développement*, Paris, La découverte & Syros.

AUBRON C., 2006, *Le lait des Andes vaut-il de l'or ? Logiques paysannes et insertion marchande de la production fromagère andine*, Thèse de doctorat en agriculture comparée, INA-PG (480 p. + annexe).

AUBRON C., 2005, Individus et collectifs dans l'appropriation des ressources : le cas d'une communauté andine péruvienne, *Autrepart*, 34, p. 65-84.

AUGÉ-LARIBÉ M., 1955, *La révolution agricole*, Paris, éd. Albin Michel.

BADOUIN R., 1987, « L'analyse économique du système productif en agriculture », *Cahiers des sciences humaines*, 23 (3-4), Orstom, Paris, p. 357-375.

BAKER J. L., 2000, *Evaluating the Impact of Development Projects on Poverty: A Handbook for Practitioners*. Washington D.C., the World Bank.

BAINVILLE B. et DUFUMIER M., 2007, « Transformation de l'agriculture et reconfiguration des terroirs au Sud-Mali : une "pression démographique" à relativiser », *Belgéo*, Société belge d'études géographiques, Bruxelles, quatrième trimestre, n° 4, p. 403-413.

BALANDIER G., 1971, *Sens et puissance*, Paris, PUF.

BAZIN G. *et al.*, 1976 : *L'agriculture du plateau sud des Dômes, passé, présent et perspectives d'avenir*, Theix, Inra.

BAZIN G. (rapporteur général), 1999, *La politique de la montagne, rapport d'évaluation* (deux volumes), Rapport de l'instance d'évaluation présidée par Pierre Blondel, Paris, La Documentation française.

BEAUD S., WEBER F., 2003, *Guide de l'enquête de terrain*, La découverte, Repères.

BERGERET P., DEFFONTAINES J.-P., 1986, « D'une recherche sur un village du Népal à une recherche sur le développement de ce village. Propositions pour une démarche interdisciplinaire », *Dynamique des systèmes agraires, L'exercice du développement*, Paris, Éditions de l'Orstom, coll. Colloque et Séminaires, p. 11-39.

BERNSTEIN H., BYRES T.J., 2001, "From Peasant Studies to Agrarian Change", *Journal of Agrarian Change*, vol. 1, n° 1, January 2001, p. 1-56.

BERTRAND G., 1975, « Pour une histoire écologique de la France rurale », *Histoire de la France rurale*, t. 1, sous la direction de Georges Duby et Armand Wallon, Paris, Éditions du Seuil, p. 34-113.

BERTRAND G., BERTRAND C., 1978, « Le paysage entre la nature et la société », *Revue géographique des Pyrénées et du Sud-Ouest*, Presses universitaires Le Mirail-Toulouse, avril, tome 49, fascicule 2.

BIBA G., PLUVINAGE J., 2006, « La pluriactivité dans l'exploitation agricole, transition ou composante durable de l'organisation de la production en Albanie », *Cahiers d'agriculture*, vol. 15, n° 6, novembre-décembre, p. 535-541.

BLAIKIE P., 1985, *The Political Economy of Soil Erosion in Developing Countries*, New York, USA, Pearson Education, Longman Scientific & Technical.

BLANCHEMANCHE Ph., 1990, *Bâtisseurs de paysages*, Paris, Éditions de la Maison des sciences de l'homme.

BLANC-PAMARD C., 1986, « Dialoguer avec le paysage ou comment l'espace écologique est vu et pratiqué par les communautés rurales des hautes terres malgaches », *in* BLANC-PAMARD C. *et al.* : *Milieux et paysages, essai sur diverses modalités de connaissance*, Paris, Masson, p. 17-35.

BLANC-PAMARD C., 1990, « Lecture de paysage, une proposition méthodologique », *in* RICHARD J.-F. (éds) : *La dégradation des paysages en Afrique de l'Ouest, points de vue et perspectives de recherches*, Dakar, AUPELF/UICN/ORSTOM/ENDA, p. 269-280.

BLANC-PAMARD C., MILLEVILLE P., 1985, « Pratiques paysannes, perception du milieu et système agraire », *À travers champs, agronomes et géographes*, Orstom, coll. Dynamique des systèmes agraires, p. 101-138.

BLOCH M., 1931, *Les caractères originaux de l'histoire rurale française*, Paris-Oslo, éd. « Belles lettres » (réédition 1976, Paris, Armand Colin).

BLOCH M., 1949, *Apologie pour l'histoire ou le métier d'historien*, Paris, A. Colin.

BOIFFIN J., HUBERT B., DURAND N., 2004, *Agriculture et développement durable, enjeux et questions de recherche*, Paris, Inra, novembre.

DE BONNEVAL L., 1993, *Systèmes agraires Systèmes de production, Vocabulaire franco-anglais*, Paris, Inra.

BONNAMOUR J., 1993, *Géographie rurale, position et méthode*, Paris, Masson.

BOSERUP E., 1965, *The Conditions of Agricultural Growth, The Economics of Agrarian Change under Population Pressure*, London, George Allen & Unwin LTD.

BOULAINE J., LEGROS J.-P., 1998, *D'Olivier de Serres à René Dumont, portraits d'agronomes*, Paris, Lavoisier, TEC & DOC.

BRIDIER M., MICHAILOF S., 1980, *Guide pratique d'analyse de projets. Évaluation et choix des projets d'investissements*, Paris, Economica.

BROSSIER J., 1987, « Système et système de production, note sur les concepts », *Cahiers des sciences humaines, 23 (3-4)*, Paris, Orstom, p. 377-390.

BROSSIER J., PETIT M., 1977, « Pour une typologie des exploitations agricoles fondée sur les projets et les situations des agriculteurs », *Économie rurale*, n° 122, p. 31-40.

BROSSIER J., DE BONNEVAL L., LANDAIS E. (eds), 1993, *Systems studies in agriculture and rural development*, Paris, Inra.

BRUN V., 2008, « Secteur privé et céréaliculture familiale dans le Mexique du libre-échange. Une étude dans les terres basses du sud-Veracruz », *Économie rurale*, n° 303-304-305, janvier-mai, p. 90-107.

BRUNET R., 1993, *Les mots de la Géographie, dictionnaire critique*, Paris, Reclus, la Documentation française.

CAPILLON A., MANICHON H., 1979, « Une typologie des trajectoires d'évolution des exploitations agricoles (principes, application au développement agricole régional) », *Extrait du procès-verbal de la séance du 10 octobre 1979*, Académie d'agriculture de France, p. 1168-1178.

CASLEY D. J., LURY L. A., 1982, *Monitoring and Évaluation of Agriculture and Rural Development Projects*, Washington DC, USA, World Bank.

CEPEDA D. A., 2009, *Ces mains qui font le régime. Dynamique et performances agro-économiques des systèmes de production bananiers en Équateur*, thèse de doctorat en agro-économie (agriculture comparée), Paris, AgroParisTech, décembre.

CHAUVEAU J.-P., 1999, « L'étude des dynamiques agraires et la problématique de l'innovation », introduction à l'ouvrage collectif : Chauveau J.-P., Cormier-Salem M. C. et Mollard E., *L'innovation en agriculture, Questions de méthodes et terrains d'observation*, Paris, IRD Éd., coll. « À travers Champs », p. 9-31.

CHAUVEAU J.-P., CORMIER-SALEM M. C., MOLLARD E., 1999, *L'innovation en agriculture, Questions de méthodes et terrains d'observation*, Paris, IRD Éd., coll. « À travers Champs ».

CHEYROUX B., 2005, *Intensification et diversification de l'agriculture dans la région deltaïque de Damnoen Saduak – Des fruits et des légumes dans le grenier à riz thaïlandais*, thèse de doctorat en agriculture comparée, INA-PG (médaille de thèse de l'Académie d'agriculture en 2005).

CHIA E., DUGUÉ P., SAKHO-JIMBIRA S., 2006, « Les exploitations agricoles sont-elles des institutions ? », *Cahiers agricultures*, vol. 15, n° 6, novembre-décembre, p. 498-505.

CHOLLEY A., 1946, « Problèmes de structure agraire et d'économie rurale », *Annales de géographie*, n° 298, LVᵉ année, avril-juin, p. 81-101.

CHOMBART DE LAUWE J., POITEVIN J., 1957, *La gestion des exploitations agricoles*, Paris, Dunod.

CHRÉTIEN J.-P., 1993, *Burundi : l'histoire retrouvée*, Paris, Karthala.

CLÉMENT J.-M., 1981, *Larousse agricole*, Paris, Larousse.

COCHET H., 1993, *Des barbelés dans la Sierra, origines et transformations d'un système agraire au Mexique*, Paris, Orstom Éd., coll. « À travers Champs ».

COCHET H., 1998, *Importance et enjeu d'une recherche approfondie sur l'histoire agraire de l'ancien Ciskei et de ses environs*, Rapport de mission en République d'Afrique du Sud, INA-PG/INRA-SAD, mai.

COCHET H., 2001, *Crises et révolutions agricoles au Burundi*, Paris, INA-PG/Karthala.

COCHET H., 2003, "A Half Century of Agrarian Crisis in Burundi (1890-1945): the Incapacity of the Colonial Administration in Managing the Agrarian Crisis of the Late Eighteen-Hundreds", *African Economic History*, Madisson, Wisconsin, USA, vol. 31.

COCHET H., 2004, "Agrarian dynamics, population growth and resource management: the case of Burundi", *GeoJournal, An International Journal on Human Geography and Environmental Science*, Kluwer Academic Publishers, The Netherlands, n° 60, p. 111-122.

COCHET H., 2005, « Concurrence déloyale, créativité écrasée : l'agriculture vivrière en crise », *Esprit*, août-septembre, p. 33-44.

COCHET H., 2008a, « Vers une nouvelle relation entre la terre, le capital et le travail en agriculture », *Études foncières*, juillet-août, n° 134, p. 24-29.

COCHET H., 2008b, « Recherches en cours sur les transformations contemporaines de l'agriculture éthiopienne », *Annales d'Éthiopie*, 2007-2008, vol. XXIII, p. 441-469.

COCHET H., LÉONARD E., DE SURGY J. D., 1988, *Paisajes agrarios de Michoacán*, Zamora, Mexique, El Colegio de Michoacán.

COCHET H., BROCHET M., OUATTARA Z., BOUSSOU V., 2002, *Démarche d'étude des systèmes de production de la région de Korhogo – Koulokakaha – Gbonzoro en Côte d'Ivoire*, Paris, Les éditions du GRET, coll. Agridoc « Observer et comprendre un système agraire ».

COCHET H., DEVIENNE S., 2002, « Premières réflexions sur la mise en place des contrats territoriaux d'exploitation dans le département de la Meuse », *Économie rurale*, n° 270, juillet-août 2002, p. 73-83.

COCHET H., DEVIENNE S., 2004, « Comprendre l'agriculture d'une région agricole : questions de méthode sur l'analyse en termes de systèmes de production », Colloque SFER *Les systèmes de production agricole : performances évolutions perspectives*, Lille, 18-19 novembre.

COCHET H., DEVIENNE S., 2006, « Fonctionnement et performances économiques des systèmes de production agricole : une démarche à l'échelle régionale », *Cahiers agricultures*, vol. 15, n° 6, novembre-décembre, p. 578-583.

COCHET H., DEVIENNE S., DUFUMIER M., 2007, « L'Agriculture Comparée, une discipline de synthèse ? » *Économie Rurale*, 297-298/janvier-mars, p. 99-112.

COCHET H., DUCOURTIEUX O. DUFUMIER M., 2010 : *Irrigation et développement régional. Évaluation économique d'un projet d'irrigation dans le Béarn*, Rapport d'expertise AgroParisTech (CD rom).

COCHET H., LÉONARD E., TALLET B., 2010, « Le métayage d'élevage au Mexique, Colonisation foncière et dynamique d'une institution agraire dans l'histoire contemporaine », *Les Annales de géographie*, Question foncière et dynamiques territoriales dans les pays du Sud, sous la dir. de Jean-Louis Chaléard, n° 676, p.617-638.

COCHET H., MERLET M., 2011, "Land Grabbing and Share of the Value Added in Agricultural Processes. A New Look at the Distribution of Land Revenues", International Academic Conference "Global Land Grabbing", 6-8 April, University of Sussex, Brighton, UK.

COLIN J.-Ph., 1990, « Regard sur l'institutionnalisme américain », *Cahiers des sciences humaines*, 26 (3), p. 365-377.

COLIN J.-Ph., 2003, Figures *du métayage, Étude comparée de contrats agraires (Mexique)*, Paris, IRD Éd., coll. À travers Champs.

COLIN J.-Ph., LOSCH B., 1994, "But Where on Earth has Mamadou Hidden his Production Function?" French Africanist Rural Economics and Institutionalism, *in* ACHESON J. (ed.), *Anthropology and Institutional Economics*, University Press of America, p. 331-363.

CONWAY G. R. 1984, "Agroecosystem analysis", *Agricultural Administration*, 20(1), p. 31-55.

COUTY Ph., 1981, « Le temps, l'histoire et le planificateur », AMIRA n° 32, Insee-Coopération, (texte réédité *in* COUTY PH., 1996, *Les apparences intelligibles, une expérience africaine*, Paris, Éditions Arguments, p. 163-170).

COUTY Ph., 1984, « La vérité doit être construite », *Cahiers des sciences humaines*, 20 (1), p. 5-15.

DARRÉ J.-P., 1999, *La production de connaissance pour l'action, Argument contre le racisme de l'intelligence*, Paris, MSH/Inra.

DEFFONTAINES J.-P., 1973, « Analyse du paysage et étude régionale des systèmes de production agricole », *Économie rurale*, 1973, n° 98, p. 3-13.

DEFFONTAINES J.-P., 1991, « Champ », *Histoires de géographes*, Mémoires et documents de géographie, CNRS, p. 27-42.

DEFFONTAINES J.-P., 1997, « Du paysage comme moyen de connaissance de l'activité agricole à l'activité agricole comme moyen de production du paysage », *in* Orstom/Centre d'études africaines URA 94, Orstom Éditions, coll. Colloques et Séminaires : *Thème et variations, nouvelles recherches rurales au Sud*, p. 305-321.

DEFFONTAINES J.-P. et OSTY P. L., 1977, « Des systèmes de production agricole aux systèmes agraires, Présentation d'une recherche », Paris, *L'Espace géographique*, n° 3, p. 195-199.

DEFFONTAINES J.-P., LANDAIS E., BENOÎT M., 1988, « Les pratiques des agriculteurs, point de vue sur un courant nouveau de la recherche agronomique », *Études rurales*, 108, janvier-mars.

DELARUE J., 2007, *Mise au point d'une méthode d'évaluation systémique d'impact des projets de développement agricole sur le revenu des producteurs, étude de cas en région Kpele (République de Guinée)*, thèse de doctorat en agriculture comparée, AgroParisTech, Paris (414 p. + annexes).

DELARUE J. et COCHET H., 2010, « Proposition méthodologique pour l'évaluation des projets de développement agricole : l'évaluation systémique d'impact », *Économie rurale* (sous presse).

DEVIENNE S., 1997, *Étude-diagnostic de la situation agricole de la section rurale de Mathador, commune de Dondon – Haïti*, INA-PG/FAMV, ronéotypé (59 p.).

DEVIENNE S., 2002, « Les leçons de l'agriculture américaine, ou la quintescence de la méthode René Dumont », *in* DUFUMIER M. (coor.), *Un agronome dans son siècle, actualité de René Dumont*, Karthala/INA-PG, p. 45-53.

DEVIENNE S., BAZIN G., CHARVET J.-P., 2005, « Politique agricole et agriculture aux États-Unis : évolution et enjeux actuels », *Annales de géographie*, n° 641, janvier-février, p. 3-26.

DEVIENNE S., 2006, "Spectacular Rice Growing Intensification in the Red River Delta: Half a Century of Evolution", *Moussons*, n° 9-10.

DEVIENNE S., WYBRECHT B., 2002, « Analyser le fonctionnement d'une exploitation », *Mémento de l'agronome*, Cirad – Gret ministère des Affaires étrangères, Paris, p. 345-372.

DIAMOND J., 2006, *Effondrement. Comment les sociétés décident de leur disparition ou de leur survie*, Paris, Gallimard.

DOLLÉ V., 1984, « Les outils et méthodes du diagnostic sur les systèmes d'élevage », *Les Cahiers de la recherche développement*, n° 3-4, Montpellier, p. 89-96.

DUBY G. et WALLON A. (dir.), 1975, *Histoire de la France Rurale* (4 tomes), Paris, Seuil.

DUCOURTIEUX O., 2001, *Document de projet – PDDP phase 2 : Document C (évaluation économique) et D (annexe évaluation économique)*. Phongsaly : PDDP (ronéotypé).

DUCOURTIEUX O., *et al.*, 2005, "Land policy and farming practices in Laos". *Development and Change*, 36(3), p. 499-526.

DUCOURTIEUX O., 2010, *Du riz et des arbres. L'interdiction de l'agriculture d'abattis-brûlis, une constante politique au Laos*, Paris, IRD-Karthala.

DUFUMIER M., 1985, « Systèmes de production et développement agricole dans le Tiers Monde », *Les cahiers de la recherche développement*, Montpellier, n° 6, avril.

DUFUMIER M., 1996a, « Systèmes agraires et politiques agricoles », *Politiques agricoles/Agricultural policy, in* SÉBILLOTTE M. (édit.), 1996, *Recherches-système en agriculture et développement rural*, actes du Symposium International, Montpellier, nov. 1994, p. 926-931.

DUFUMIER M., 1996b, *Les projets de développement agricole, Manuel d'expertise*, Paris, CTA – Karthala.

DUFUMIER M., 2002a, *Un agronome dans son siècle, actualités de René Dumont*, Karthala/INA-PG.

DUFUMIER M., 2002b, « Économie agricole dans le monde et "agriculture comparée" », *in* DUFUMIER M., *Un agronome dans son siècle, actualités de René Dumont*, Karthala/INA-PG, p. 61-68.

DUFUMIER M., 2004, *Agricultures et paysanneries des Tiers Mondes*, Paris, Karthala.

DUFUMIER M., 2006, « Diversité des exploitations agricoles et pluriactivité des agriculteurs dans le Tiers Monde », *Cahiers agricultures*, vol. 15, n° 6, novembre-décembre, p. 584-588.

DUFUMIER M., 2007, « Agriculture comparée et développement agricole », *Revue Tiers Monde*, n° 191 – juillet-septembre, p. 1-16.

DUFUMIER M., BERGERET P., 2002, « Analyser la diversité des exploitations agricoles », *Mémento de l'agronome*, Cirad – Gret, ministère des Affaires étrangères, Paris, p. 321-344.

DUMOLARD P., 1981, « Le point de vue culturel en géographie : réactions dermiques et épidermiques », *L'Espace géographique*, n° 4, 1981, 295-298.

DUMONT R., 1935, *La culture du riz dans le delta du Tonkin*, Paris, Société d'éditions géographiques, maritimes et coloniales.

DUMONT R., 1949, *Les leçons de l'Agriculture américaine*, Paris, Flammarion.

Dumont R., 1951, *Voyages en France d'un agronome*, Paris, Éditions M.-Th. Génin.

Dumont R., 1952, « Agriculture comparée », article du *Larousse agricole*, p. 903-938.

Dumont R., 1953, *Titres et travaux*, notice rédigée pour sa présentation au concours de Professeur, INA, Paris (ronéotypé).

Dumont R., 1954, *Économie agricole dans le monde*, Paris, Dalloz.

Dumont R., 1957, *Révolution dans les campagnes chinoises*, Paris, Éditions du Seuil.

Dumont R., 1962, *L'Afrique noire est mal partie*, Paris, Éditions du Seuil.

Dupré G., 1991, *Savoirs paysans et développement*, Paris, Karthala-Orstom.

Ellis F., 2000, *Rural Livelihoods and Diversity in Developing*, New York, Oxford University Press.

Fairhead J., Leach M., 1996, *Misreading the African Landscape. Society and Ecology in a Forest-savanna Mosaic*, Cambridge, Cambridge University Press.

FAO, 1999, *Guidelines for Agrarian Systems Diagnosis*, Sustainable Development Department, Rural Development Division, Land Tenure Service, Rome, Italy.

Fauroux E., 2003, *Comprendre une société rurale. Une méthode d'enquêtes anthropologique appliquée à l'Ouest malgache*, Éditions du Gret/IRD, coll. Études et travaux, 152 p.

Fénelon P., 1970, *Vocabulaire de géographie agraire*, Publication de la faculté des lettres et sciences humaines de Tours-2, Gap, Imprimerie Louis-Jean.

Ferraton N., Cochet H., Bainville S., 2003, *Initiation à une démarche de dialogue, étude des systèmes de production dans deux villages de l'ancienne boucle du cacao (Côte d'Ivoire)*, Paris, Les Éditions du Gret, coll. Agridoc « Observer et comprendre un système agraire ».

Ferraton N. et Touzard I., 2009, *Comprendre l'agriculture familiale. Diagnostic des systèmes de production*, Paris, Quæ Éditions.

Freguin S., Devienne S., 2006, « Libéralisation économique et marginalisation de la paysannerie en Haïti : le cas de l'Arcahaie », *Revue Tiers Monde*, n° 187, juillet-septembre, p. 621-642.

Fresco L., 1984, Comparing Anglophone and Francophone Approaches to Farming Systems Research and Extension, *Farming Systems Support Project Networking Paper*, n° 1, 36 p.

Gasselin P., 2000, *Le temps des roses : la floriculture et les dynamiques agraires de la région agropolitaine de Quito (Équateur)*, thèse de doctorat en agriculture comparée et développement agricole, Paris, INA-PG.

Garambois N., 2011, Des prairies et des hommes. Les systèmes herbagers économes du bocage poitevin : agro-écologie, création de richesse et emploi en élevage bovin, thèse de doctorat AgroParisTech, Paris.

Garambois N., Devienne S., 2010, « Évaluation des systèmes de production innovants inscrits en agriculture durable : le cas des systèmes bovins herbagers du Haut-bocage poitevin », Colloque international *Innovation et Développement Durable, ISDA 2010*, Montpellier 28 juin-1er juillet 2010.

Gastellu J.-M., 1979, « Mais où sont donc ces unités économiques que nos amis cherchent tant en Afrique ? », *Note de travail, Série : enquêtes et outils statistiques*, vol. 1, « Le choix de l'unité », AMIRA, p. 99-122.

George G., Verger F., 2000, *Dictionnaire de la géographie*, PUF, Paris (1re édition 1970).

Gervais-Lambony Ph., 2003, « Quelques remarques générales sur la comparaison en sciences sociales en général, et en géographie en particulier » *in* Gervais Lambony Ph., Landy F. et Oldfield S. (eds), *Espaces arc-en-ciel, Identité et territoires en Afrique du Sud et en Inde*, Géotropiques université de Paris-X/Karthala/IFAS, p. 29-40.

Gibon A., Sibbald A. R., Flamant J.-C., Lhoste P., Revilla R., Rubino R. et Sorensen J. T., 1999, "Livestock Farming Systems Research in Europe and its Potential Contribution for Managing towards Sustainability in Livestock Farming", *Livestock Production Science 61*, p. 121-137.

GITTINGER J.-P., 1985, *Analyse économique des projets agricoles, Institut du développement économique de la Banque mondiale*, Paris, Economica.

GOUROU P., 1973, *Pour une géographie humaine*, Paris, Flammarion.

GRIFFON M., 2006, *Nourrir la planète. Pour une révolution doublement verte*, Paris, Odile Jacob.

GUICHAOUA G., GOUSSAULT Y., 1993, *Sciences sociales et développement*, Paris, Armand Colin.

GUILLAUD D., 1993, *L'ombre du mil, un système agropastoral en Aribinda (Burkina Faso)*, Paris, Éditions de l'Orstom, coll. À travers Champs.

HAUDRICOURT A. G., J.-BRUNHES DELAMARE M., 1955, *L'Homme et la charrue à travers le monde*, Paris, Gallimard.

HAUDRICOURT A. G., 1987, *La technologie, science humaine, recherches d'histoire et d'ethnologie des techniques*, Paris, MSH.

HERVIEU B., 2002, « Le livre d'une rupture : Le problème agricole français. Esquisse d'un plan d'orientation et d'équipement », *in* DUFUMIER M., 2002, *Un agronome dans son siècle, actualités de René Dumont*, Karthala/INA-PG, p. 41-44.

HUGON Ph., 1992, « La méso-économie institutionnelle et l'agriculture africaine : le cas de la filière coton », *in* GRIFFON M. (éd.), *Économie institutionnelle et Agriculture – Institutional Economics and Agriculture*, Actes du XIIIe séminaire d'économie rurale, 7, 8, 9 septembre, Montpellier, France Michigan State University/Cirad/Indiana University, p. 193-210.

IAASTD (International Assessment of Agricultural Science Knowledge and Technology for Development), 2009, *Agriculture at a Crossroad, Global Report*, Edited by : Bervely D. McIntyre (IAASTD, secretariat), Hans R. Herren (Millenium Institute), Judi Wakhungu (African Centre for Technology Studies), Robert T. Watson (University of West Anglia), Island Press, Washington DC, USA.

INRA, 1977, *Pays, Paysan Paysage dans les Vosges du sud, les pratiques agricoles et la transformation de l'espace* (ouvrage collectif), Paris, Inra Éditions.

INRA, 1986, *Les collines du Népal central. Écosystèmes, structures sociales et systèmes agraires*, tome I : *Paysages et sociétés dans les collines du Népal*, tome II : *Milieux et activités dans un village népalais* (ouvrage collectif dirigé par J.-F. Dobremez), Paris, Inra.

JAMIN J. Y., HAVARD M., MBÉTID-BESSANE E., DJAMEN P., DJONNEWA A., DJONDANG K., LEROY J., 2007, « Modélisation de la diversité des exploitations », *in* GAFSI M., DUGUÉ P., JAMEN J. Y., BROSSIER J. (coord), *Exploitations agricoles familiales en Afrique de l'Ouest et du Centre*, Versailles, CTA-QUAE, p. 123-153.

JAUBERTIE C., PARDON L., COCHET H. et LEVESQUE R., 2010, « Ukraine : une approche comparée des dynamiques et performances économiques des structures agricoles », *Notes et Études Socio-Économiques*, ministère de l'Alimentation, de l'Agriculture et de la Pêche, Paris (sous presse).

JOBBÉ-DUVAL M., 2005a, *Mil et une recettes de pomme de terre. Dynamiques agraires et territoriales à Altamachi, Cordillère orientale des Andes bolivien*, thèse de doctorat en agriculture comparée, INA-PG (300 p. + annexes).

JOBBÉ-DUVAL M., 2005b, "Las haciendas de Norte Ayopaya en el Período Republicano : Una forma de control social del territorio", *Búsqueda*, Cochabamba, Bolivia, 25, p. 177-191.

JOHNSTON R. J., GREGORY D., PRATT G., WATTS M., 2000 (fourth Edition) : *The Dictionary of Human Geography*.

JOUVE Ph., 1986, « Quelques principes de construction de typologies d'exploitations agricoles suivant différentes situations agraires », *Les cahiers de la recherche développement*, n° 11, août, p. 48-56.

JOUVE Ph., 1988, « Quelques réflexions sur la spécificité et l'identification des systèmes agraires », *Les Cahiers de la recherche développement*, n° 20, décembre, p. 5-16.

JOUVE Ph., TALLEC B., 1994, « Une méthode d'étude des systèmes agraires en Afrique de l'Ouest par l'analyse de la diversité et de la dynamique des agrosystèmes villageois », communication au *Symposium international sur recherche-système en agriculture et développement rural*, Montpellier, France, nov.

KHON KAEN UNIVERSITY, 1987, *Rapid Rural Appraisal*, Proceedings of the 1985 International Conference, Rural Systems Research and Farming Systems Research Projects, Khon Kaen University, Thailand.

KROLL J.-C., 1992, *Les politiques publiques dans le développement de l'agriculture française et européenne*, HDR Université de Paris X Nanterre.

LAMBALLE P., CASTELLANET C., 2003, *La recherche-action en milieu paysan : méthode et outils*, Paris, Les Éditions du Gret.

LANDAIS E., 1992, « Principes de modélisation des systèmes d'élevage », *Les Cahiers de la recherche développement*, Montpellier, n° 32-2/1992, p. 82-95.

LANDAIS E., BALENT G., 1995, « Introduction à l'étude des pratiques d'élevage extensif », *in* LANDAIS E. (éd.), *Pratiques d'élevage extensif : identifier, modéliser, évaluer*, Paris, Inra, coll. Études et recherches sur les systèmes agraires et le développement, p. 13-36.

LARRÈRE G. R., 1974, *Considérations générales – et quasiment théoriques – sur les systèmes agraires, point de vue qui en dérive quant à l'articulation des recherches des biologistes et des économistes dans l'ATP environnement (région des Dômes)*, Note, octobre (ronéotypée).

LATOUCHE S., 2001, « En finir, une fois pour toutes avec le développement », *le Monde diplomatique*, mai.

LAVIGNE DELVILLE Ph., BOUJU J., LE ROY E., 2000, *Prendre en compte les enjeux fonciers dans une démarche d'aménagement. Stratégies foncières et bas-fonds au Sahel*, Éditions du Gret, coll. Études et travaux.

LE ROY E., KARSENTY A., BERTRAND A., 1996, *La sécurisation foncière en Afrique. Pour une gestion viable des ressources renouvelables*, Paris, Karthala.

LE ROY LADURIE E., 1969, *Les paysans du Languedoc*, Paris, Flammarion.

LEVY J., LUSSAULT M., 2003, *Dictionnaire de la géographie et de l'espace des sociétés*, Paris, Belin.

LHOSTE Ph., 1984, « Le diagnostic sur le système d'élevage », *Les Cahiers de la recherche développement*, Montpellier, n° 3-4 (1984), p. 84-88.

LIZET B., DE RAVIGNAN F., 1987, *Comprendre un paysage. Guide pratique de recherche*, Paris, Inra.

MALASSIS L., CÉPÈDE M., BERGMANN D., DUMONT R., …, 1954, « La petite région agricole, contribution à l'étude et à la réorientation de l'économie agricole d'une petite région », *Économie rurale* 19, janvier.

MALTHUS T. R., 1798, *Essay on the Principle of Population*, London UK.

MAYAUD J.-L., 1999, *La petite exploitation rurale triomphante, France XIXe siècle*, Paris, Belin.

MAZOYER M., 1974, *Itinéraire*, INA-PG (ronéotypé).

MAZOYER M., 1987, *Dynamique des Systèmes Agraires, Rapport de synthèse présenté au Comité des systèmes agraires*, ministère de la Recherche et de la Technologie, Paris, nov.

MAZOYER M., 1989, « Agriculture comparée » article, le *Grand Larousse universel*.

MAZOYER M., ROUDART L., 1997a, *Histoire des agricultures du monde, du néolithique à la crise contemporaine*, Paris, éditions du Seuil.

MAZOYER M., ROUDART L., 1997b, « Pourquoi une théorie des systèmes agraires ? », *Cahiers agricultures*, 6, p. 591-5.

MAZOYER M., ROUDART L., MAYAKI I. A., 2008, « Rapport sur le développement dans le monde, 2008, Banque mondiale. L'agriculture au service du développement. Résumé et commentaires », *Monde en développement*, 3, n° 143, p. 117-136.

McCANN J. C., 1995, *People of the Plow. An Agricultural History of Ethiopia 1800-1990*, Madison, USA, The University of Wisconsin Press.

McCANN J. C., 2005, *Maize and Grace. Africa's Encounter with a New World Crop 1500-2000*, Cambridge, Massachusetts, USA and London, England Harvard University Press.

MILLEVILLE P., 2007, *Une agronomie à l'œuvre. Pratiques paysannes dans les campagnes du Sud*, Paris, Arguments-QUAE.

MORICEAU J. M., 1999, *La terre et les paysans aux XVIIe et XVIIIe siècles, Guide d'histoire agraire*, Bibliothèque d'histoire rurale, 3, Association d'histoire des sociétés rurales, Rennes.

MORLON P. (coordinateur), 1992, *Comprendre l'agriculture paysanne dans les Andes Centrales, Pérou – Bolivie*, Paris, Inra Éditions.

OLIVIER DE SARDAN J.-P., 1996, « De l'amalgame entre analyse-système, recherche participative et recherche-action, et de quelques problèmes autour de chacun de ces termes », *Recherches-système en agriculture et développement rural, Symposium international*, Montpellier, Cirad-SAR, p. 129-140.

OLIVIER DE SARDAN J.-P., 1995, *Anthropologie et développement. Essai en socio-anthropologie du changement social*, Paris, APAD-Karthala.

ORSTOM, 1985, *À travers champs, agronomes et géographes*, Paris, éditions de l'Orstom, coll. Colloque et séminaires.

OSTROM E., 1990, *Governing the Commons. The Evolution of Institutions for Collective Action*, Cambridge, Cambridge University Press.

OSTY P. L., 1978, « L'exploitation agricole vue comme un système. Diffusion de l'innovation et contribution au développement », *Bulletin technique d'information du ministère de l'Agriculture et du Développement rural*, 326, p. 43-49.

PAUL J.-L. *et al.*, 1994, « Quel système de référence pour la prise en compte de la rationalité de l'agriculteur : du système de production agricole au système d'activité », *Les Cahiers de la recherche développement*, n° 39, p. 7-19.

PEET R., WATTS M. (edt), 1996, *Liberation Ecologies. Environment, Development, Social Movements*, second Edition, London and New York, Routledge.

PÉLISSIER P., 1966, *Les Paysans du Sénégal. Les civilisations agraires du Cayor à la Casamance*, Saint-Yrieix (Haute-Vienne), imprimerie Fabrègue.

PÉLISSIER P., 1979, « Le paysan et le technicien. Quelques aspects d'un difficile face-à-face », *Maîtrise de l'espace agraire et développement en Afrique tropicale*, Actes du colloque de Ouagadougou (4-8 décembre 1978), Paris, Orstom, p. 1-8.

PÉLISSIER P., RAISON J.-P., 2001, « Préface », préface de l'ouvrage de Hubert Cochet, *Crises et révolutions agricoles au Burundi*, Paris, Karthala/INA-PG, p. 7-16.

PÉPIN-LEHALLEUR M., SAUTTER G., 1988, « Mante (Tamaulipas, Mexique) : un système agraire régional ? », *Les Cahiers de la recherche développement*, n° 20, déc., Cirad, p. 17-28.

PERROT C. et LANDAIS E., 1993, « Exploitations agricoles : pourquoi poursuivre la recherche sur les méthodes typologiques », *Les cahiers de la recherche développement*, n° 33, p. 13-23.

PILLOT D., 1987, *Recherche Développement et Farming System Research, Concepts, approches et méthodes*, Réseau recherche-développement, ministère de la Coopération, Paris (40 p.).

PILLOT D., 1992, « Je sais avec qui je suis en désaccord, mais je cherche toujours avec qui je suis en accord, réflexion sur la diversité des approches systémiques du milieu rural », *Colloquio mesoamericano Sistema de producción y desarollo agrícola*, Mexico, juin.

RAISON J.-P., 1984, *Les Hautes Terres de Madagascar*, Paris, Orstom/Karthala.

RASTOIN J.-L., 1996, « Dynamique du système alimentaire français », *Agroalimentaria*, n° 3, décembre.

RASTOIN J.-L., 2008, « Les multinationales dans le système alimentaire », *Projet*, 307, p. 61-69.

REBOUL C., 1977, « Déterminants sociaux de la fertilité des sols. Fertilité agronomique et fertilité économique », *Actes de la recherche en sciences sociales*, 17-18, p. 88-112.

REBOUL C., 1989, *Monsieur le capital et Madame la terre, fertilité agronomique et fertilité économique*, Paris, EDI/Inra.

RENARD J., 2002, *Les mutations des campagnes, paysage et structures agraires dans le monde*, Paris, A. Colin.

RICHARDS P. 1985, *Indigenous Agricultural Revolution. Ecology and Food Production in West Africa*, London, Hutchinson.

RISLER E.,1897, *Géologie agricole*, Nancy, imprimerie Berger-Levrault et Cie.

RODGERS, E. M., 1962, *Diffusion of Innovations*. New York, Free Press.

RUF F., 1995, *Booms et crises du cacao, les vertiges de l'or brun*, ministère de la coopération, Paris, Cirad-SAR – Karthala.

SACKLOKHAM S. and DUFUMIER M., 2006, "Land Tenure Policy, Deforestation and Agricultural Development in Lao PDR: the Case of the Vientian Plain", *Moussons*, n° 9-10, Marseille, p. 189-207.

SAUTTER G., 1985, « Paysagismes », *in* BLANC-PAMARD C., LERICOLLAIS A., *À travers champs agronomes et géographes, Dynamique des systèmes agraires*, Paris, Orstom Éditions, coll. Colloques et Séminaires, p. 289-297.

SAUTTER G., 1993, *Parcours d'un géographe. Des paysages aux ethnies, de la brousse à la ville, de l'Afrique au monde*, Paris, Éditions Arguments, 2 tomes.

SAUTTER G., PÉLISSIER P., 1964, « Pour un atlas des terroirs africains : structure-type d'une étude de terroir », *L'Homme*, IV, 1, p. 56-72.

SAUVY A., 1958, *De Malthus à Mao Tsé-Toung, Le problème de la population dans le monde*, Paris, Éditions Denoël.

DE SCHLIPPÉ P., 1956a, *Écocultures d'Afrique*, l'Harmattan/Terres et vie, Belgique (titre original : *Schfting Cultivation in Africa, The Zande System of Agriculture*, London, Routledge & Kegan Paul.

DE SCHLIPPÉ P., 1956b, « De l'anthropologie agricole », *Problèmes d'Afrique centrale*, III.

SCOTT J.C., 1990, *Domination and the Arts of Resistance: Hidden Transcripts*, Yale University Press.

SCOTT J.C., BHATT N. (dir.), 2001, *Agrarian Studies: Synthetic Work at the Cutting Edge*, Newhaven and London Yale University Press, Newhaven and London, 320 p.

SÉBILLOTTE M., 1974, « Agronomie et agriculture. Essai d'analyse des tâches de l'agronome », *Cahiers de l'Orstom, Série Biologie*, 3, 1, p. 3-25.

SÉBILLOTTE M., 1976, *Jachère, système de culture, système de production*, INA-PG.

SÉBILLOTTE M., 1989, « Fertilité et systèmes de production, Essai de problématique générale », *in* M. SÉBILLOTTE (ed.), *Fertilité et systèmes de production*, Paris, Inra, p. 13-57.

SÉBILLOTTE M., 1996, *Recherches-système en agriculture et développement rural*, actes du Symposium International, Montpellier, nov. 1994.

SEIGNOBOS C., 1984, « Les instruments aratoires en Afrique tropicale, la fonction et le signe », *Cahier Orstom série sciences humaines*, vol. XX, n° 3-4.

SEIGNOBOS C., 2000, *Outils aratoires en Afrique, Innovations, normes et traces*, Paris, Karthala/IRD.

SHANIN T. (ed), 1970, *Peasants and Peasant Societies*, Penguin, London.

SIGAUT F., 1975, *L'agriculture et le feu, Rôle et place du feu dans les techniques de préparation du champ de l'ancienne agriculture européenne*, Paris, Mouton & Co.

SIGAUT F., 1976a, « Une discipline scientifique à développer : la technologie de l'agriculture (1) », *Cahiers des ingénieurs agronomes*, 307, p. 16-21.

SIGAUT F., 1976b, « Une discipline scientifique à développer : la technologie de l'agriculture (2) », *Cahiers des ingénieurs agronomes*, 309, p. 27-30.

SIGAUT F. 1981, « Pourquoi les géographes s'intéressent-ils à peu près à tout sauf aux techniques ? », *L'Espace géographique*, n° 4, p. 291-293.

SIGAUT F., 2004, « L'agriculture comparée réinventée », *Ingénieur de la vie*, n° 468, juillet-août-septembre, p. 17-18.

SUMBERG J., 2010, *Contested Agronomy: Pegs, Plots & Politics in Sub-Saharan Africa*, IDS, May (projet).

TCHAYANOV A., 1924, *L'organisation de l'économie paysanne*, Paris, librairie du regard (1990).

TIFFEN M., MORTIMORE M. et GICHUKI F., 1994, *More people, less erosion, environmental recovery in Kenya*, Overseas Development Institute, London, UK, John Wiley and Sons Editor, Chichester.

TROCHET J. R., 1993, *Aux origines de la France rurale. Outils, pays et paysages*, Mémoires et documents de géographie, Paris, CNRS Éditions.

VERDEAUX F., 1997, « Quand la campagne était une "forêt vierge"… L'invention de la ruralité en Côte d'Ivoire – 1911-199… », *in* GASTELLU J. M., MARCHAL J. Y., 1997, *La ruralité dans les pays du Sud à la fin du XXe siècle*, Paris, Éditions de l'Orstom, p. 79-97.

VIALLON J. B., 1985, « Sources et méthodes utilisées », *in* AUBERT D. *et al.* : *Systèmes de production et transformations de l'agriculture 1. Essai de bilan des travaux du département d'économie et sociologie rurale*, Paris, Inra.

VISSAC B., 1979, *Éléments pour une problématique de recherche sur les systèmes agraires et le développement*, Toulouse, Inra-SAD.

YOUNG A., 1794, *Voyages en France pendant les années 1787, 1788, 1789 et 1790*, Paris, Chez Buisson, Imprimerie.